东海

印象

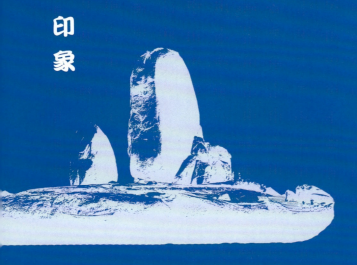

Impression of
East China Sea

东海
印象

苗振清◎主编

文稿编撰/吴欣欣

中国海洋大学出版社
CHINA OCEAN UNIVERSITY PRESS

·青岛·

魅力中国海系列丛书

总主编 盖广生

编委会

主　任　盖广生　国家海洋局宣传教育中心主任

副主任　李巍然　中国海洋大学副校长

　　　　　苗振清　浙江海洋学院原院长

　　　　　杨立敏　中国海洋大学出版社社长

委　员（以姓名笔画为序）

丁剑玲　曲金良　朱　柏　刘宗寅　齐继光　纪玉洪

李　航　李夕聪　李学伦　李建筑　陆儒德　赵成国

徐永成　魏建功

总策划

李华军　中国海洋大学副校长

执行策划

杨立敏　李建筑　李夕聪　王积庆

魅力中国海
我们的
海洋梦

Charming China Seas
Our Ocean Dream

魅力中国海 我们的海洋梦

中国是一个海陆兼备的国家。

从天空俯瞰辽阔的陆疆和壮美的海域，展现在我们面前的中华国土犹如一个硕大无比的阶梯：这个巨大的"天阶"背靠亚洲大陆，面向太平洋；它从大海中浮出，由东向西，步步升高，直达云霄；高耸的蒙古高原和青藏高原如同张开的两只巨大臂膀，拥抱着华夏的北国、中原和江南；整个陆地国土面积约为960万平方千米。在大陆"天阶"的东部边缘，是我国主张管辖的300多万平方千米的辽阔海域；自北向南依次镶嵌着渤海、黄海、东海和南海四颗明珠；18000多千米的海岸线弯曲绵延，更有众多岛屿星罗棋布，点缀着这片蔚蓝的海域，这便是涌动着无限魅力、令人魂牵梦萦的中国海！

中国的海洋环境优美宜人。绵延的海岸线宛如一条蓝色丝带，由北向南依次跨越了温带、亚热带和热带。当北方的渤海还是银装素裹，万里雪飘，热带的南海却依然椰风海韵，春色无边。

中国的海洋资源丰富多样。各种海鲜丰富了人们的餐桌，石油、天然气等矿产为我们的生活提供了能源，更有那海洋空间等着我们走近与开发。

中国的海洋文明源远流长。从浪花里洋溢出的第一首吟唱海洋的诗歌，到先人面对海洋时的第一声追问；从扬帆远航上下求索的第一艘船只，到郑和下西洋海上丝绸之路的繁荣与辉煌，再到现代海洋科技诸多的伟大发明，自古至今，中华民族与海相伴，与海相依，创造了灿烂的海洋

文化和文明，为中国海增添了无穷的魅力。无论过去、现在和未来，这片海域始终是中华民族赖以生存和可持续发展的蓝色家园。

认识这片海，利用这片海，呵护这片海，这就是"魅力中国海系列丛书"的编写目的。

"魅力中国海系列丛书"分为"魅力渤海"、"魅力黄海"、"魅力东海"和"魅力南海"四大系列。每个系列包括"印象"、"宝藏"、"故事"三册，丛书共12册。其中，"印象"直观地描写中国四海，从地理风光到海洋景象再到人文景观，图文并茂的内容让你感受充满张力的中国海的美丽印象；"宝藏"挖掘出中国海的丰富资源，让你真正了解蓝色国土的价值所在；"故事"则深入海洋文化领域，以海之名，带你品味海洋历史人文的缤纷篇章。

"魅力中国海系列丛书"是一套书写中国海的"立体"图书，她注入了科学精神，更承载着人文情怀；她描绘了海洋美景的点点滴滴，更梳理着我国海洋事业的发展脉络；她饱含着作者与出版工作者的真诚与执著，更蕴涵着亿万中国人的蓝色梦想。浏览本丛书，读者朋友一定会有些许感动，更会有意想不到的收获！

愿"魅力中国海系列丛书"能在读者朋友心中激起阵阵涟漪，能使我们对祖国的蓝色国土有更深刻的认识、更炽热的爱！请相信，在你我的努力下，我们的蓝色梦想，民族振兴的中国梦，一定会早日成真！

限于篇幅和水平，书中难免存有缺憾，敬请读者朋友批评指正。

盖广生

2014年元月

Preface 前言

Impression of East China Sea

滚滚长江东逝水，一路奔腾，源源不断地投入到东海广博的怀抱之中。

在这片众星拱月的海域里，坐落着数不胜数的众多海岛，数量之多，在中国的四大海域中位居首位——"宝岛"台湾岛四通八达，起伏有致；"长江门户、东海瀛洲"，崇明岛前程似锦；"千岛之乡"舟山群岛，星罗棋布，声势浩荡……台湾海峡将那东海与南海连接，杭州湾将那海水与浪花托起。汹涌澎湃、千姿百态的钱塘潮，描绘着茫茫东海的无限活力；奇形异状、参差林立的海蚀地貌，为这缥缈东海增添了铿锵性情。

东海诚然铿锵有力，但也不妨碍它灵动酣畅。它所环抱的众多岛屿，恍若上天妙手偶得：嵊泗列岛上，碧海奇礁，金沙渔火；桃花岛中，奇峰异石，侠骨柔肠；东极一岛，碧海奇石，渔味浓郁；鼓浪之屿，海上花园，文艺烂漫……一众岛屿，在蔚蓝色的海洋之上，恰似天上繁星，光芒点点，风华绝代。相比这点点星光，东海之滨更是异彩纷呈，无论是繁复极致、炽烈浓郁的台湾海滨，古今交融、狡黠生动的象山，还是僧侣云集、灵秀瑰丽的普陀山，无不如万花筒般，将东海的魅力折射成五颜六色。

在东海变化流转的颜色中，几大保护区与公园的颜色分外深沉：南麂列岛的怀抱中，贝藻欣欣向荣；临海国家地质公园身披火山岩柱、流纹台地，气象万千；大陈岛森林公园中，森林郁郁

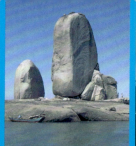

葱葱，奇峰异石散布其间；深沪湾海底古森林遗迹自然保护区的水波中，海底古森林穿越千载时光，笑傲至今。

与之相映生辉的，是东海之滨那流光溢彩的城市和港口。东海如同无私的母亲，哺育了性格迥异的一群孩儿——温润秀丽的宁波、花团锦簇的上海、文艺温馨的厦门、淡然悠远的高雄。这些孩儿们依着巍巍港口，敞着开放胸怀，各自绽放着属于自己的光芒，又一道簇拥着母亲。自豪的母亲绽放出欣慰的笑颜，那笑颜宛如洒入水中的七彩颜料，曼妙舒展，霓彩流转，迷蒙醉人……

Contents目录

Impression of East China Sea

东海印象

01

02

大美东海/035

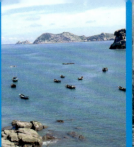

03 霓彩东海/101

初识东海

FIRST IMPRESSION
OF EAST CHINA SEA

> > > **01** > > >

恢弘大气的东海，在我国的东方，兀自烈烈绽放。
这里有宝岛台湾，列岛、群岛星罗棋布，广袤纷繁；
这里有台湾海峡，有众多温厚的海湾，畅通而平和；
这里的气候和海流，海潮和台风，无不意气而可爱。
纵使风波千万层，不改东海精气神！

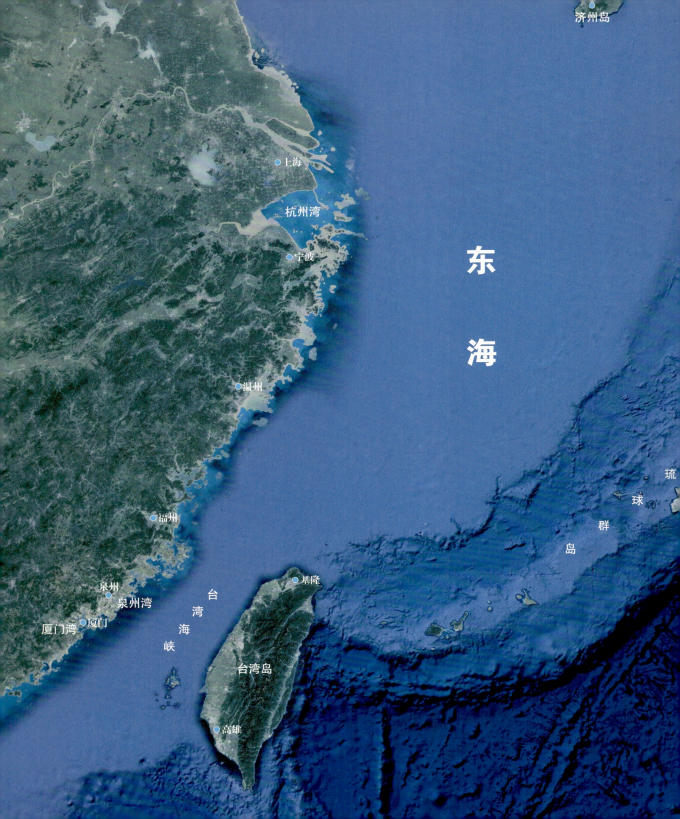

济州岛

上海

杭州湾

宁波

东

海

温州

琉
球
群
岛

福州

基隆

泉州
泉州湾
台
湾
海
峡

厦门湾
厦门

台湾岛

高雄

九州岛

概　况

　　滚滚长江，东流入海，其归宿便是东海，或称东中国海。且看这片蔚蓝的海域，西面是我国大陆；东面以琉球群岛为界与太平洋比邻而居；南面是台湾岛和台湾海峡；北面则接我国黄海，两者之间以长江口北侧与韩国济州岛的连线为界，正如众星拱绕的月儿，安然闪耀。作为我国三大边缘海之一，东海所拥有的岛屿数量，在我国海域之中首屈一指。

　　这片广袤的海域，与我国结缘已久。早在秦汉时期，我国人民便将黄海、东海统称为东海；明朝之后，黄海、东海分离开来，彼时的东海与今日的东海大致相当。这片美丽的海域，近年来不断遭遇各种风波和侵扰。实际上，从明代开始，深海槽黑水沟便是中琉海域的天然分界线，钓鱼岛列屿既然位于黑水沟以西，自然隶属于中国海域，而根据《联合国海洋法公约》规定，东海大陆架是我国陆地领土的自然延伸。

　　东海的全部"势力范围"，介于北纬21°54′~33°17′、东经117°05′~131°03′之间，面积为77万平方千米，多为水深200米以内的大陆架，与我国的上海、浙江、福建和台湾相邻。

　　属于亚热带和温带气候的东海，非常适宜浮游生物的繁殖和生长，加之海底平坦，水质优良，更有大水团在此交汇，因而成为多种鱼虾繁殖和栖息的理想之地，东海也由此成为我国海洋生产力最高的海域，舟山群岛附近的渔场更是被称作我国海洋鱼类的宝库。

⬆ 东海南海分界点的鹅銮鼻风光

海 岛

东海的万顷碧波，捧出了山峦起伏的台湾岛，拥出了飘忽不定的崇明岛，洒落出一众列岛、群岛，恍若湛蓝空中的点点星辰，风姿各异，光华璀璨。

台湾岛

在我国东部海域，一座宝岛徜徉于碧波之上，只见它自东北向西南舒展，东依太平洋；北邻琉球群岛，与其相隔不过600千米；南接巴士海峡，与菲律宾隔峡相望；西隔台湾海峡，与福建相守，二者相距最近的地方仅130千米。这便是我国的第一大岛——台湾岛，它是我国与太平洋周边地区和国家交流的重要枢纽。

悬于东海的台湾岛，位于环太平洋火山地震带，这里的地壳很不安分，地震也常有发生。它的北部为亚热带气候，南部属热带气候，冬季比较温和，夏季相对炎热，除高山之外，年平均气温约为22℃，气候热情而不炽烈；而且，这里的降雨量十分充沛，每年可达2000毫米以上，夏秋季节更时有台风和暴雨光临，好不热闹。

这般"不甘平庸"的岛屿，又怎会甘于"一马平川"呢？在这座宝岛之上，高山和丘陵云集，其面积占据了全岛面积的2/3以上，但见东部山脉巍巍，中部丘陵依依，西部平原漫

↑ 玉山

↑ 台湾风光

漫，五大山脉（中央山脉、雪山山脉、玉山山脉、阿里山山脉和台东山脉）、四大平原（宜兰平原、嘉南平原、屏东平原和台东纵谷平原）、三大盆地（台北盆地、台中盆地和埔里盆地）相间分布，起伏有致。纵贯南北的中央山脉之上，更有我国东部最高峰——海拔3952米的玉山巍峨耸峙，整座台湾岛可不正如或徐或疾的乐章，既清雅激昂又韵致婉转？

令人痛惜的是，这般富有韵致的台湾岛，却是命途多舛。作为西太平洋航道的中心枢纽，物资丰饶的它一直为各方势力所觊觎，先后曾被西班牙、荷兰、日本占领蹂躏。抗日战争胜利之后，台湾岛终于回到祖国的怀抱。如今，作为我国神圣领土不可分割的一部分，两岸的经济、文化交流越来越多，血脉相连之亲近，纵使水波浩渺，依旧丝丝缕缕无断绝。

"宝岛"之称从何而来？

"宝岛"二字得于它丰富的自然资源。可不是吗？充沛的降雨量，带来了608条入海河流，它们水流湍急，又多瀑布，水力资源自是可观。阳光和雨水恰到好处的配合，滋养了占全岛面积1/4的农耕土地，不仅稻子一年两至三熟，花卉如簇似锦，甘蔗和茶欣欣向荣，还有90多种蔬菜生机勃勃，多姿多彩的水果更是为它赢得了"水果王

↑ 台湾岛卫星图

国"的美称！不过，若要论这岛上的霸主，当属茫茫森林，它可是占去了全岛的半壁江山。这位霸主主要有三大根据地——台北的太平山、台中的八仙山和嘉义的阿里山。仅这三大林区，便拥有近4000种树木，木材储量多达3.26亿立方米，气势磅礴之余，也不乏台湾杉、红桧、樟、楠等名贵木材。台湾岛的樟树提取物数量位居世界之首，樟脑和樟油的产量则占世界总产量的70%，区区一方岛屿，其比重如此之大，着实令人惊叹。

不过，台湾岛的自然资源可不是仅限于岛屿之上。别忘了，它可坐拥长达1600千米的海岸线；加之它位处寒暖流交汇地，渔业资源自是异常丰富。尽管如此，台湾岛的东、西两边仍是气象迥异——东部沿海岸峻水深，渔期终年不绝；西部海底则是我国大陆架的延伸，相对平坦，因而底栖鱼和贝类更为活跃。无论是远洋渔业、近海渔业还是养殖业，台湾岛都是如鱼得水。宝岛之珍，难以尽述，"宝岛"一称，当之无愧。

崇明岛

滚滚长江东逝水，浪花载来众泥沙。当奔涌的长江来到平缓的河口地区，躁动的心绪变得平缓，它所挟带的泥沙也逐渐沉积下来，于是有了长江口南、北岸的滨海平原，也有了江中星罗棋布的河口沙洲。这些沙洲历经千年的涨坍变化而分分合合，最终形成了颇具气候的大岛，这便是我国第三大岛——崇明岛，它是"长江门户、东海瀛洲"，是世界上最大的沙岛和河口冲积岛。

这片岛屿全无一般岛屿的孤绝荒芜之气。平坦的崇明岛上，水渠交错，田地纵横，俨然世外桃源般的江南水乡。不过，这片水乡可是独具特色，首当其冲的便是螃蟹。这岛上螃蟹众多，素有"蟹岛"之美称。只见江边泥滩之上，螃蟹密密麻麻，不过它们行动敏捷，想要捡上几个，颇费一番工夫。不仅如此，崇明岛周身披挂着莽莽芦苇。灌木一般的芦苇丛，动辄宽达几千米，漫步其中，感觉无边无际。而这芦苇既能留住淤泥、固住岛岸，又是造纸的好原料。不过要论崇明岛最大的特色，那便是它的变化无常。泥沙造就的它，随着长江不息的流动，自然日日迁徙，无怪乎有"东海瀛洲"之称——这般变化无常的崇明岛，可不正似传说中飘忽不定的瀛洲吗？

纵使飘忽，踪迹依旧可循。位于长江出海口的崇明岛，三面临江，与江苏的常熟和太仓、上海市的嘉定和宝山等地隔江相望，西、北方向则分别与江苏的启东、海门一衣带水。卧蚕一般的它，面积变化较快，根据1981年底土地普查资料，东、西长76千米，南北宽13千米～18千米，全岛总面积为1064平方千米，但一切都还没有尘埃落定，它的东西两端每

崇明东滩湿地日出

年还在以约150米的速度延伸。由于地处亚热带，这里四季分明；它夏季湿热，盛行东南风，冬季干冷，盛行偏北风，季风气候显著；另有台风、暴雨、干旱等灾害性气候不时侵袭。

虽然时时变化、四季流转，崇明岛可没有丝毫的迷茫，它依循"生态"、"环保"两大主题，发挥自己的特色，发展前景日益明晰。未来的它，将主要充当上海市可持续发展的重要战略空间；与此同时，它把自己逐渐建设为森林花园岛、生态人居岛、休闲度假岛、绿色食品岛、海洋装备岛和科技研创岛，可谓雄心勃勃。到了梦想实现之日，人与自然和谐相处，经济社会协调发展，这座世外桃源也将不再隔绝人世，而是为上海市的发展源源不断地输送灵感。崇明岛与上海市之间相互依托，正是共同步入繁荣光景的好搭档。

⬆ 崇明岛卫星图

⬆ 崇明东滩湿地

↑ 舟山

舟山群岛

　　长江口以南、杭州湾以东的浙江省东部海域上，自东北向西南散布着大大小小的岛屿，它们共同构成了声势浩荡的舟山群岛。为何说它是我国沿海最大的群岛？素有千岛之乡美誉的舟山群岛，单就海岛数目而言，便坐拥我国海岛大家庭中19%的成员，再看它的面积——海域面积22000平方千米，陆域面积1371平方千米，可谓"实力雄厚"。

　　若要声名显赫，一是靠实力，二是须通达，两者不可或缺，舟山群岛恰好全都具备。地处中国东部黄金海岸线与长江黄金水道交汇处的它，一直是东部沿海和长江流域沟通世界的主要窗口、我国南北沿海航线的必经之地。舟山群岛担此重任，港口发展蓬蓬勃勃，已经晋级为上海、宁波水运中转的卫星港。

　　那么，舟山群岛是如何诞生于这个优越的区位之中的呢？其实，舟山群岛在10000年前，尚是浙东天台山脉的一段余脉，在8000～10000年前，海平面骤然上升，这些山体没于水中，才形成了今日众星一般的岛群。岛群业已形成，但海浪和潮流从未停止工作，海平面或升或降，海浪一波一波不止息地冲蚀，使得海蚀地貌遍布群岛，阶地俨然，洞穴幽然，正是数不尽的奇形异状。倘若把海浪比作雕刻家，那潮流便似搬运工了，泥沙乘着潮流，在群岛低矮隐蔽的地方定居下来，于是几个岛屿连为一体，堆积平原逐渐形成并扩展延伸。由此看

舟山岛

　　舟山群岛的大岛集中于西南部，主要有舟山岛、岱山岛、朱家尖岛等；其中，舟山岛是当之无愧的佼佼者，面积502.65平方千米的它，在我国诸多岛屿中，面积排名第四。

来，舟山岛、岱山岛、朱家尖这三个大岛，多是潮流搬运之功。经得住侵蚀，耐得住沉积，方有今日之舟山群岛。

正所谓厚积而薄发，千万年的积淀，使得舟山群岛秀丽而又静美，个个流光溢彩。这里有海天佛国普陀山，有海上雁荡朱家尖，也有海上蓬莱岱山；这里奇石遍布，异礁突兀。这般的美景，迁徙中的候鸟自然不会错过。每逢迁徙之时，群岛之上，候鸟云集，既有国家一级保护动物黑鹳，又有数不胜数的鹈鹕、鹗、鸢等国家二级保护动物，为这颗颗宝珠平添几分华彩。

🔼 舟山渔船

🔽 舟山群岛风光

那些星罗棋布的岛群

东海之上，岛儿如同棋子一般，看似散落，却不知不觉集结成了一众群岛列岛。它们齐聚台湾海峡附近，盈盈一水之上，浮现出了"台湾海峡之键"澎湖列岛、使大陆和台湾亲密接触的金门群岛、与大陆一水相隔的马祖列岛，一个个素面朝天，芳华绝代。

在台湾海峡东南处，64个岛屿散落其上，它们便是澎湖列岛的一众成员了。同属火山岛的它们，以玄武岩为根基并环以珊瑚礁，地势颇为平坦，是台湾省最早开发的地方，虽与台湾岛一衣带水，两者气候却不甚相同。与台湾岛相比，这里夏季比较凉爽，冬季则暖上几摄氏度。虽然冬暖夏凉，却算不上舒适，这又是为何？原来澎湖列岛降水较少，年降水量仅1000毫米，是整个台湾省雨量最少的地方；而且80%的降水出现在夏季，干旱期长达180天左右，着实难熬。干燥也就罢了，偏偏风力又强，一个年头中，东北风、西南风轮番上阵，单是超过6级的大风日便多达144个，尤其是11月到次年1月，大风日更是每月超过20个，纵使暖阳当空，凛冽

↑ 澎湖列岛景色

澎湖彩虹桥

的大风也足以把人吹个透心凉。所以说，澎湖列岛地势平坦，本是发展农业的好地方，但无奈水源匮乏、海风强劲，实在不适宜农作物的生长，这里的粮食、蔬菜、水果等大部分都得靠台湾岛供应。

好在岛上渔业资源很是丰富，总算不至于荒无人烟。作为著名渔港的澎湖列岛，似乎一切都关乎鱼。集市上的鲜鱼活蹦乱跳，沙滩上的鱼干片片铺展，海湾里的渔船往来穿梭。单是渔业，便承载了列岛上3万人的生计，无怪乎澎湖列岛又被称为"渔夫岛"。这里的渔业资源为何如此丰富？这要感谢天公作美了。列岛曲折的海岸线，长度达327千米，其旁布有众多天然港湾和鱼礁，为鱼类提供了理想的聚居地。同时，黑潮（支流）暖流、南海季风暖流、中国沿岸寒流在此交汇，寒暖皆备，非常适宜各类浮游生物繁衍，浮游生物们又引来大批前来觅食的鱼类，使得这片天然近海渔场更是得天独厚。

台湾海峡的西部、福建省东南部的厦门湾内，金门群岛安然躺卧，就是这片群岛，使大陆和台湾得以"最亲密的接触"。可不是吗，金门群岛与厦门最近的距离仅仅2310米而已。既然是群岛，家族成员自然少不了，金门岛、小金门岛、大担岛……数不胜数；其中，主岛金门岛面积最大，是福建省第二大岛屿。金门岛的底层大多是花岗片麻岩，土壤多为沙土以及裸露的红壤土，比较贫瘠，因而农业并不兴盛。好在周围水产丰富，还有名胜

⬆ 金门水头得月楼

⬇ 金门港湾风光

古迹前来捧场。而且总面积148平方千米的它，扼着厦门的咽喉，为闽南的屏障，还东望台湾，地位自是不凡。据说郑成功当年起兵就是在这里，岛上还残留着明代的城墙。

不仅如此，历史悠久的金门，自古就有"海上仙洲"、"桃源胜景"之美称，古时便坐拥珠江夜月、丰莲积翠、啸卧云楼和仙阴瀑布等八景，如今出落得愈发精美，太武雄峰、玉柱擎天、汉影云根、金汤剑气、榕园绿阴、龙山瑞霭等24景正似繁花，把金门装点得姹紫嫣红。伫立在山巅之上，望着祖国的大好河山，令人心中顿时升腾起血脉相融的民族自豪感。何况金门的民俗风情还保留着浓郁的闽南特征，除了每年都会举行的祭祀、赛会之外，金山的北端还安然伫立着18栋闽南式古屋，历经风雨，不仅未现衰退之相，反而燕尾高扬、精神抖擞，实在

金门石狮

在金门，大家最为熟悉的面孔当属石狮。各个村落的路口都有站着的石狮子，或披着盔甲，或围着披风，威风凛凛。而且石狮子从来都不寂寞，面前往往香火袅袅。为什么要为石狮进香？在岛民看来，石狮是他们的保护神呢！所以，如果到了金门，还是不要随便爬到石狮身上照相的好，因为此乃大不敬也。

↑ 马祖海滨村落

↑ 马祖岛一角

↑ 马祖岛一角

↑ 马祖海滨村落

令人振奋。如今，这里已成为"民俗文化村"，闽南的风俗，在这片小岛上，如山泉之水，绵延不绝。

而在台湾海峡的正北方，南竿岛、北竿岛、高登岛等36个岛、礁星罗棋布，共同组成了马祖列岛。这片海岛，与我国大陆仅仅一水之隔，距离闽江口25~40千米。马祖列岛总面积为28.8平方千米，早在元朝的时候，便开始有闽浙沿海渔民登岛，不过都只是在此停泊休整。直到明朝初期，才有渔民陆续上岛定居，日子久了，有血缘关系的族落逐渐形成，马祖列岛也日渐兴盛。与之前提到的澎湖列岛相似，马祖列岛的耕地并不算多，人们主要以捕鱼为业，不过那里打鱼的环境十分独特，因此也还是个修身养性的好地方。

怎么个独特法呢？凡是去过马祖列岛的人，无不将其与地中海边的希腊相比，可见其清新纯美。这片花岗质岩岛，日日受风浪的侵蚀，生成了崩崖、险礁、海蚀洞、海蚀门等地貌，雄壮奇诡，而波涛的冲积，也为列岛贡献了沙滩、砾石滩、卵石滩，绵延舒展。于舒展沙滩之上，碧海蓝天之下，赏日出日落、云飞鸟归，正是人间美事。再看那些被列为"世界文化遗产"的古迹，军事和宗教风味奇特地融合在一起，令人啧啧称叹，它美丽的身影还时常出现在电影和广告之中。不仅如此，马祖列岛的位置得天独厚，备受候鸟的喜欢。2000年，马祖列岛燕鸥保护区悄然诞生，5~8月份来到这里，即可观赏燕鸥展翅、群集而翔的撼人美景，但见燕鸥如同漫天挥洒的雨滴，或曼舞空中，或栖落海滩，蔚为壮观。

马祖列岛属于亚热带海洋性气候，由于靠近大陆，气温比台北要低上几摄氏度。这里四季分明，冬天寒冷潮湿；春夏交际，尤其是每年3~5月，南风盛行，带来暖湿空气，一接触到稍显冰冷的马祖，平流雾便顺势而生，即便天气晴朗，阳光也只能驱散云层顶部的一小部分，骤降的能见度使马祖地区的航班在这个季节不时地放个小假；相对而言，这里的秋天要稳定平和得多。

🔺 马祖岛一角

钓鱼岛诸岛

台湾北部的观音山、大屯山等山脉延伸入海，庞大的身躯并没有被海水全部吞没，露出的峰顶，便成了钓鱼岛诸岛。这片无人小岛，早在隋朝时期就由我国发现，明朝初期，明确归为我国领土，因此，自古以来钓鱼岛便是中国的固有领土。

钓鱼岛诸岛中最大的钓鱼岛面积也不过5千米，没有淡水也无人居住，但此处所蕴含的能量不可小觑。这里既有丰富的石油资源、渔业资源，又富含锰、钴、镍和天然气，正是"麻雀虽小，五脏俱全"。不仅如此，这只"小麻雀"的战略价值也不可估量。处于东海大陆架边缘的钓鱼岛诸岛，是我国海上的战略要地，身系我国的安危。无论是为了尊重历史，还是为了捍卫国家尊严，钓鱼岛诸岛都值得我们用心守护。

苏岩礁

众岛礁之中，苏岩礁算得上最为"低调"的了，始终藏在海水之下的它，离海面最浅的地方也要4.6米，即便是低潮的时候，也从不显山露水。由于神龙见首不见尾，苏岩礁在地图上崭露头角的日子并不算多，1880~1890年，才首次出现在北洋水师的海路图中。隐士一般的苏岩礁，还曾险些酿成国际事件。1963年5月1日，我国第一艘自行制造的万吨轮船"跃进号"，由于计算失误，在这里触礁。既然是计算失误，当时就没人想到这是苏岩礁了，还以为是遭到了鱼雷攻击。还好在周恩来总理的领导下进行了仔细的调查，证实只是触礁。吃一堑长一智，经过这次事件，1963年我国的海图上就对苏岩礁的位置和名称作了十分详细的记录。

从地质学上讲，苏岩礁并没有那么神秘，它其实是长江三角洲的海底丘陵。处在东经125°、北纬32°的它，是江苏外海大陆架延伸的一部分，实为我国的水下暗礁。

🔼 苏岩礁位置

◀ 钓鱼岛

海湾与海峡

只因那一抹海峡，畅通无阻，
只因那一众海湾，温暖平和，
茫茫东海，自此平易近人。

台湾海峡

台湾与福建，正如牛郎与织女，"盈盈一水间，脉脉不得语"。这水，便是台湾海峡。它自东北向西南延伸，北窄南宽，北口宽约200千米，南口宽约410千米。长约426千米、总面积7.7万平方千米的台湾海峡，虽然隔开了台湾与福建，却也是沟通东海和南海的桥梁。既然如此，台湾海峡的国际航运价值不言而喻，东北亚各国与东南亚、印度洋沿岸各国之间的海上往来，多半都要经过这里。

其实在古生代和中生代，台湾和福建是相依相偎的，那时的台湾海峡还是华夏古陆的一部分。到了第三世纪的始新世，海水大规模上涨，侵袭之下，现在台湾海峡的位置化作一片汪洋。中新世的时候，喜马拉雅山横空出世，它的造山运动使台湾岛向上耸起，台湾海峡

初具轮廓。第四纪冰期时，历经多次的海陆变迁，到距今约6000年时，台湾海峡才算安定下来。直到现在，台湾和福建两地，无论是地形、气候、土壤还是植被，都惊人地相似和一致，自然之鬼斧神工令人咋舌。

虽然两省多有相似，轮廓上却是各有千秋。台湾海峡的东、西两岸"性情"迥异，西岸边，曲曲折折，海湾云集，岩石为魂的它，悬崖峭壁、奇石异峰、海洞岬角层出不穷，海岛也是屡见不鲜；东岸边，也就是台湾岛的西海岸边，就要"平和"上几分，从富贵角至猫鼻头的海岸线，向西凸出，在布袋泊地以北略呈东北走向，以南呈东南走向，宛若长虹，平直舒展。

虽然东、西两岸风情不同，整个台湾海峡仍旧是个相对完整的小天地，亚热带及热带季风气候栖落此处，居所各不相同，于是乎，海峡西北部受着大陆的影响，气温年差比较大，东南部受着海洋的影响，年差和日差都比较小。每年10月至次年3月，4~5级的东北季风如约而至；5~9月，3级左右的西南季风又来造访；7~9月，热带气旋也会大驾光临。海峡之中雾天很少，澎湖列岛每年也就3~4天是起雾的；近岸的地方就不同了，雾天要多上许多，东山岛、马祖列岛和高雄一带，每年雾天会超过30天。

台湾海峡比较激情澎湃，是整片东海风浪较大的地区，而且涌浪多于风浪，以4级浪最多，占全部海浪的42%。这里的潮水也是南北各不同。福建沿岸、澎湖列岛和海口泊地以北的台湾岛西岸为正规半日潮，海口泊地以南的台湾岛西岸则是不正规半日潮。性情各异的水流全都活跃在这里，使得寒、暖流在此融汇，滋养了大批浮游生物，大量的鱼虾也"闻讯赶来"，将台湾海峡打造成为我国重要的渔场之一。

⬆ 台湾海峡卫星图

杭州湾

每年中秋节刚过、农历八月十八的时候，游人蜂拥聚集，只为一睹钱塘江大潮的风姿。海潮涌来之时，轰鸣之音震耳欲聋，万马奔腾一般势不可当，而这著名的胜景，便是在杭州湾的怀抱之中上演。形成这一壮观景象的原因，除了月球和太阳的引力以外，杭州湾的特殊形状更是起着决定性作用。

位于浙江省东北部的杭州湾，紧邻经济发达的长江三角洲，它的湾口之处大约宽100千米，越往口内越是狭窄，到澉浦已经缩为20千米，海宁一带更是仅仅宽3千米。不仅如此，湾内的水深也由湾口附近的10.8米逐渐缩成为河口的6.2米。巨大的海浪不断涌入这个喇叭形海湾，无路可退，只好咆哮着冲上云霄，气势之雄壮自是不凡，为我国潮差最大的海湾。好在除了很高的观赏价值之外，这些潮汐还可转化为清洁而又可再生的能源。不仅如此，我国第一座自行设计和建造的核电站——秦山核电站也落户于杭州湾畔的海盐县，杭州湾现已成为新能源成长的摇篮。

⬇ 杭州湾湿地

除了海面上的波涛汹涌，杭州湾的底部形态也是别有洞天。从乍浦开始，湾底便以0.1/1000~2/1000的坡度向西抬升，绵延至钱塘江河口的时候已然汇聚成巨大的沙坎。东西高度渐进之余，杭州湾的南北也是气象迥异。它的北岸是长江三角洲的南缘，沿岸发育着众多深槽，南岸则是宁绍平原，沿岸滩地宽阔广袤。北岸的深槽，又恰为万吨海轮的通航提供了绝佳的条件，无怪乎孙中山先生曾计划在此兴建东方大港，可惜未能实施；如今的乍浦陈山码头和杭州湾口南岸甬江口镇海港可供海轮停泊，倒也聊作慰藉。

倘若以为只有靠海轮才可跨越杭州湾，那就太不与时俱进了。从2008年5月1日开始，杭州湾跨海大桥便伸展其上，正式供车辆往来。它全长36千米，一度为世界最长的跨海大桥，直到2011年，长41.58千米的青岛海湾大桥通车之后才屈居第二。虽然长度上不再称霸，它的设计仍是独具匠心，因为它首次引入了景观设计的概念。设计之初，景观设计师们从西湖苏堤"长桥卧波"的美学理念中获得灵感，结合杭州湾的水文环境以及司机和乘客的心理，将整座大桥平面设计为"S"形，蜿蜒袅娜，生动活泼。桥的侧面也大有文章，在南北航道的通航孔桥的地方，各自设为拱形，放眼望去，正如一道道彩虹，起伏跌宕，错落有致，整座大桥瞬间由平面影像变得立体鲜活。

⬆ 杭州湾大桥

⬇ 杭州湾畔

不过，若要论杭州湾大桥最大的功劳，并不是美丽的景致，而是对于宁波这一交通"盲肠"的拯救。曾几何时，由于杭州湾这

一天堑浪高流急，海洋性气候特征显著，并时不时有台风、龙卷风、雷暴等灾害性天气光顾，想要从宁波去上海或者苏南、苏北地区，都必须先绕道杭州，路线呈"V"字形而非直线，费时费力。杭州湾大桥的开通，彻底扭转了这一局面。如今，经由大桥从宁波到上海的距离缩短了120多千米。这是什么概念呢？每年平均减少的运费就多达20多亿元，更不用说省下的宝贵时间和减少的汽油消耗、废气排放了。这还不算，它的存在，使整个长江三角洲的交通格局变了乾坤，之前的"V"字如今已被"A"字或者"十"字布局取代，杭州湾大桥已然成为一座梦幻廊桥，已成为我国大陆南北沿海经济发达地区的黄金走廊，它的诞生，正如蝴蝶双翼的轻盈舞动，一系列的贯通和繁华随之翩然而至。

杭州湾大桥

泉州湾

福建泉州市的东部，坐落着一个外宽内窄的半封闭海湾，那便是泉州湾。它东濒台湾海峡，北纳洛阳江，西迎晋江，海岸线长140千米，水域面积500多平方千米。就是这片最深处30米、平均水深4.37米的海湾，水之上下也别有乾坤。泉州湾内海底为泥沙质地，入海处则是侵蚀性山地花岗岩，它温暖的怀抱之中，大坠岛、小坠岛、乌屿、白山屿、七星礁等大大小小30多个岛礁齐聚一堂，好不热闹。喧嚣须有畅通做伴，方可舒展大气。在马头山与小坠岛之间，水深13米，这里是泉州湾的主航道，迎来送往，通畅无碍。

时至今日，虽然泉州湾仍是福建发展的第一层面，但与其光辉历史相比，其实已经逊色不少。泉州湾的历史非常悠久，古泉州湾比现在要更深更广。1974年6月，后诸港，也就是泉州港，就曾出土过一艘宋代海船，精巧宏伟，依稀可见当日之荣耀。往事如烟，之后的岁月中，晋江、洛阳江带来的泥沙不断地在此沉积，泉州沿岸的围垦现象越来越多，河床越来越高，江道也越来越浅，加上地壳的上升，泉州湾渐渐成了今日的模样，就连船舶停靠的地方，古今也是多有不同。

泉州湾上，也建有跨海大桥，或称泉州市环城高速公路三期，虽不像杭州湾大桥那般气势如虹，却也同晋江大桥、后渚大桥一道，把泉州湾连成了一个完整美丽的圆环。自此之后，泉州市环城高速全线贯通，泉州的气韵越发饱满浑厚。

厦门湾

福建省经济特区厦门市，与漳州市下辖的龙海市，簇拥着一狭长的水域，那便是厦门湾了，与海峡两岸紧密联系的金门群岛即安居此处。作为福建省第二大河流——九龙江的出海

泉州湾

口，厦门湾由厦门岛西侧的内港和厦门岛西南侧的外港共同组成，大部分水域水深5~20米，水域面积154.18平方千米。宽度仅为13.75千米的它，着实显得颀长纤秀。厦门湾的诞生，九龙江自是功不可没，地质构造则是幕后英雄。

其实，厦门湾的魅力，不仅在于海上，岸边的风光更是如火如荼，它的北岸便是"小清新"们的圣地鼓浪屿、厦门港海沧港区以及厦门邮轮中心等，既脱俗又繁忙，平衡得恰到好处。1992年之前，

⬆ 厦门湾畔

南岸与北岸形成巨大的反差，与北岸繁荣炽烈的厦门经济特区相映衬的，是南岸偏僻荒芜的小渔村。改革开放的风云人物、深圳蛇口工业区创办人袁庚便曾为之感慨："漳州有女初长成，养在深闺人未识。同处一个厦门湾，北岸厦门高楼林立，灯火辉煌，南岸却荒凉沉寂，沉睡千年。"但他接着对南岸表达了期许："这是一颗尘封雾锁的明珠，一旦放出光芒，将照耀东南海疆。"这一期许变成了现实。1992年12月18日，这片沉积的土地从睡梦中惊醒，借鉴"蛇口模式"，漳州开发区正式创立。此后，经过开发区人汗水的灌溉，昔日的荒山野岭逐日蜕变，成为一个以临港工业、港航物流和高档居住区为特色的新兴滨海工业城区，厦门湾南岸正日益焕发光彩，与北岸相映生辉。

现　象

　　东海的波浪，湛蓝无垠，托起了跌宕的气候与海流，拥出了雄壮磅礴的钱塘潮，涵纳着温暖澄澈的黑潮，包容着躁动双面的台风。那如笔的浪尖啊，你描绘的海蚀地貌，又是多么千姿百态！

气候

　　东海海区纵跨亚热带和温带，在这里，冬天的时候，亚洲大陆高压称王称霸；夏天的时候，风水轮流转，中国东南部低压和太平洋西北部高压华丽登场，占据主导地位。因而，对东海而言，冬、夏两季气候差异很大：冬天的时候，它稍显冷漠，气温为6℃~8℃，夏天

⬇ 钱塘潮

的时候呢，热情足足上涨了20℃，温度徘徊在25℃~28℃。不仅如此，两者还有着不同的追求者。冬天一到，寒潮便不时来献殷勤；夏天到时，台风便时不时造访一下，东海的大幕之上，风起云涌、风和日丽轮番上场，正似无垠汪洋之上宏大的悲喜剧，感人肺腑。

钱塘潮

汪洋之滨，潮起潮落，原本属于习以为常、再自然不过的事情，唯独有一个地方的潮水，令世人竞相前去，一睹英姿，也让大文豪苏东坡发出"八月十八潮，壮观天下无"的感慨，它便是浙江省大名鼎鼎的钱塘潮。

一线潮

海宁市盐官镇，自明朝开始便是观潮第一胜地，素有"海宁观潮"之誉。一线潮同《红楼梦》中的王熙凤一样，出场时未见其影，先闻其声。虽然耳边已经隆隆作响，江面上却依然是风平浪静。慢慢地，远处的江面上出现一

⬆ 观潮盛况

↑ 回头潮

↑ 交叉潮

↑ 一线潮

条绵长的白线，迅速向西移动，正是"素练横江，漫漫平沙起白虹"；渐渐地，白线化作白墙，越发雄厚壮观，等到眼前，正如万匹骏马迎头奔来，磅礴之势，令人瞠目结舌。

回头潮、冲天潮

潮水经过盐官镇之后，一路逆行至老盐仓，这使得钱塘江南岸萧山南阳的赭山美女坝，成为观看钱塘潮的又一个绝佳地点。当潮水奔涌而来，进入赭山湾内，遭遇直插江心的丁坝，潮水暴怒之下，一声怒吼，涌浪冲向半空，大坝既已挡住前路，冲起的潮水只好折身返回，奇特的回头潮就形成了，但见江水后浪推挤前浪，上下翻卷，非常壮观。赭山美女坝上，除了回头潮之外，还会出现最吸引眼球的冲天潮。顾名思义，潮水涌至堤、坝相交之处，多方碰撞，发出巨响，一股水柱拔地而起，潮头直冲云霄，高者可达十多米，气魄着实不凡。

交叉潮

距离杭州湾55千米的地方，唤作大缺口。这里的江中，由于泥沙淤积，形成了一个沙洲，杭州湾涌来的潮水，碰到沙洲，只好分道扬镳，化作东潮和南潮两股前进。绕过沙洲之后，两者交叉相撞，在江心激起几丈高的水柱，带来"海面雷霆聚，江心瀑布横"的景象。水柱落回江面之后，十字形交叉的两股潮流携手迅速向西奔驰，最后扑在顺直的海塘之上，如同雪崩一般，令人心惊胆战。

小小潮水，竟有这许多文章！除了这些，钱塘江潮还有无法解释成因的丁字潮。月黑风高的晚上，看江中黑蛇狂舞，击碎银般月影，直冲九天皓月，赏看此等半夜潮，却也是一份独特体验。

你可能要问，天下潮水千千万，为何偏这农历八月十八的钱塘潮独领风骚？原因有三：天时、地利、风合。每年农历八月十六到八月十八，太阳、月球和地球几乎处在同一条直线上，而且地球离太阳最近，此时海水受到的引力最大。这般引力之下的潮水，本就能量巨大，偏又逢上东南风一路相送，潮势越发凶猛。巧的是，又遇上喇叭形的钱塘江口，宽度从100千米锐减到几千米，而且河床逐渐上升，潮水本就无路可退，加之钱塘江水下沉沙不断阻挡和摩擦，别无他法，只好前浪后浪相互推挤、层层叠加，如此这般，钱塘潮怎能不惊心动魄，独占鳌头？只是胜景虽佳，生命为贵，钱塘潮壮观之余，亦是威猛无比，倘若心下按捺不住，想要亲自观潮，那可要时刻谨记保证安全。

海蚀

东海的胸怀之内，风起云涌，气象万千，它的"臂膀"也是千姿百态，毫不逊色。且看吧，东海岸边，一波一波的海水，柔情地亲吻着岸边的岩石，赋予了它们崭新的形态，不知不觉中，海崖、海蚀凹壁、波蚀棚、海蚀洞、海蚀门、海蚀柱等海蚀地貌，遍布东海海岸。

⬇ 平潭海蚀地貌

　　东海岸边的海蚀家族之中，最为显赫的当属福州市平潭县，它素有"千礁百屿"之称。这千百个岩礁、岛屿大多仍是无人之境，拥有原汁原味的自然风光，其中的主角，便是福建第一大岛海坛岛。作为平潭的主岛，它面临东海之芳华，依着大陆之雄浑，与台湾的澎湖岛、广东的南澳岛一并化作"海中三目"，为东海倍增一抹灵光。远望如坛的它，海蚀地貌十分奇特，既有沐风浴波的海蚀"栈道"，又有我国最大的一对花岗石海蚀柱——波涛中昂扬擎起的"半洋石帆"，还有世界上最大的天然花岗石球状风化造型——安然仰卧碧波之上的"海坛天神"，它们或绵延或宏伟，气魄斐然，无怪乎被专家称作"海蚀地貌博物馆"，又流传有"平潭海坛，海蚀地貌甲天下"之说。

　　若想看教科书上出镜率最高的海蚀地貌——形同蘑菇的奇石的话，东海之滨的台湾野柳是不二之选。这里的海边，一株一株"蘑菇"林立，横向纹理十分清晰，富有层次美感。倘若要问是谁造就了这蔚为壮观的艺术品，那得感谢海浪潮汐、雨水和风的通力合作了。当然，除了能工巧匠之外，璞玉般的自身质地也十分关键。这里的岩石基质都是沉积岩，层叠之外，石质比较疏松，在潮汐、风雨的巧手之下，奇形异状，自是信手拈来。

🔻 野柳地质公园

⚡ 半洋石帆

⚡ 海坛天神

黑潮

在太平洋西部的海域之中，昼夜不息地涌动着一股强劲的海流。自南向北汩汩流淌的它，呈现出神秘的深蓝色，远看更似黑色，因而被称作黑潮。不过，可不要就此以为黑潮的水真的是黑色。别看黑潮"外表"粗犷，"内心"可是纯净得很。正是因为它的水中杂质极少，阳光穿透水面之后，红色、黄色等长波都被水分子吸收，波长较短的蓝色光波才被散射回来，因而我们从上往下看黑潮的时候，眼见的只是蓝黑色而已。

黑潮不仅纯净，还很"热情"。发源于赤道以北的它，携带着赤道的阳光与温暖，高温而且高盐，是世界海洋之中仅次于墨西哥湾暖流的第二大暖流。它的"热情"可不止表现在温度上，流速每小时3~10千米、在东海每秒钟流量达3000万立方米（相当于长江流量的1000倍）的黑潮，正如迅捷的高速列车，无数洄游性鱼类靠它的搭载，一路轻松向北。

暖洋洋的黑潮，即便寒冬之中，水温也不低于20℃，这为暖水性鱼类的产卵和幼鱼的迁徙提供了绝佳的条件，黑潮自然而然成了洄游性鱼类的聚集之处，这也吸引来了以之为食的大型鱼类，于是东海便成为鱼儿畅游、搏击的场所。其实，黑潮对东海渔业生产的影响远不仅限于此。除了它自身的魅力之外，当它与寒流相遇，便会引起海水的上下翻腾。这时，下层丰富的营养物质重见天日，上升到表层，浮游生物不失时机地迅速繁殖，于是在这般"海洋锋面"的地方，渔场脱颖而出了，我国的"天然鱼仓"舟山渔场便是黑潮的一大杰作。

⬆ 舟山渔港

⬆ 洄游鱼群

作为太平洋洋流中的一环，黑潮从菲律宾开始向北流动，穿过台湾东部海域之后，进入东海，途经琉球群岛，后沿日本列岛往东北方向流去，与亲潮（又称千岛寒流）相会之后汇入东向的北太平洋洋流，为漫漫旅程划上完满的句点。

跨越万般山水的它，把热带的温暖海水，带给了寒冷的北极海域；倘若不是黑潮带来的热量，冰冷的极地海水根本无法养活生命，海狮、海豹也就无从谈起了。

除了北极之外，东亚岛弧气候也深受路过的黑潮影响。暖暖的海流，使得大气温度随之上升。当我国上海的树木褪尽繁华，尽显枝丫脉络之时，在同纬度的日本九州，亚热带植物仍然欣欣向荣。不要讶异于黑潮这一暖流的力量，因为透明如它，自然吸取了更多的太阳辐射。况且按照科学家的计算，1立方厘米的海水降低1℃释放出的热量，可使3000多立方厘米的空气温度升高1℃。如此看来，黑潮不正是绿色环保的纯天然暖气！

海流与季风

我国四海家族之中，渤海、黄海、东海三大海区非常友爱，连海区中的海流——黑潮暖流和沿岸流这两大流系都是三者共享。在东海的地盘上，黑潮流系的主要成员为黑潮主干以及台湾暖流、对马暖流这两大分支，沿岸流则主要是苏北沿岸流和闽浙沿岸流，它们虽然名称多有不同，却无一例外具有气旋式环流的特征。

由于东海之上，冬、夏脾性大相径庭，东海的海流自然也随着季节的变化而呈现不同的面貌。黑潮主干倒是"势大气粗"，四季变化不是特别规律，有的年份冬强夏弱，有的年份夏秋强冬春弱，有的年份干脆冬夏相同。作为黑潮分支，台湾暖流自然没有这么"嚣张"了，它的流速紧随季节的脚步。夏季来了，它也精神了，流速很快；冬季到了，它也萧瑟了，流速也随之减慢。

与黑潮不同，沿岸流系柔顺得多；季节不同，降雨量不同，大陆径流量自然有所变化，沿岸流系就会受影响。不过与此相比，季风的变化对沿岸流系的影响更大，两者步调几乎完全一致。每年11月到次年2月，南向的冬季季风烈烈吹送，为由北向南的沿岸流系开辟了道路。此时的它，流速最快，势力范围迅速扩张。3~5月，冬夏季风过渡期间，南向的沿岸流逐渐变弱、收缩，直至杭州湾附近方才安营扎寨。6~8月，夏季北向季风重获江山，兴盛一时。杭州湾以北的沿岸流，虽然仍旧自北向南流动，但大势已去，已经比较虚弱，而杭州湾以南，气象则是大不相同。此时，东海获得外援，连同南海的沿岸流以及外海的暖流系统，汇合在一起，共同自南向北流动，势不可当。等到9、10月，另一个季节转换期到来，夏季季风逐渐衰颓，由冬季季风代替；机不可失，自北向南的沿岸流日渐增强，并且逐步向南扩张。季风、海流此消彼长，竟似一首大气磅礴的四季交响乐。

台风

每年夏、秋季节，东海的常客——"脾气暴躁"的台风就会如约而至，且匆匆而来，匆匆而去。它所光顾的地方，无不狂风怒吼，暴雨如注，对沿途造成毁坏的同时，却也带来了丰沛的降雨，而这，对于宝岛台湾来说，正是天降甘霖、补充水分的大好时机。

⬆ 2009年肆虐台湾的"莫拉克"台风云图

没错，处于热带和亚热带区域内的台湾，虽然身为"宝岛"，淡水却并不充足。尽管山地上有河流的踪影，但高耸的山峦，陡峭的山坡，使得这些河流化作荒溪型河川，内中水分难以保存，一部分渗入地下，一部分迅速流走，徒留荒溪迷踪而已。所以说，单是指望这些河流，并不能满足台湾的淡水需求。此时台风降临，携来大量雨水，台湾如何能不欣喜舒畅？

当然，台湾各地，所受台风的眷顾亦有不同，一来台湾地形复杂，二来台风的路径多有不同，因而各地具体的风力差别很大。但总体而言，台湾岛东部地区由于没有山脉的阻挡，而且台风来时往往首当其冲，因而这里的台风风力往往居台湾之首；相比之下，北部、东北部地区比较中庸，而台湾中部、南部地区由于有中央山脉作为天然屏障，台风风力一般不会很强。

可惜的是，台风带来的并不只是丰沛的降水。身为一把双刃剑的它，索求的"接待规格"非常高，它的一次光顾，往往给过境地区造成巨大的经济损失，不仅如此，地质不甚坚固的地区，经常会出现泥石流，除阻碍交通外，还会严重威胁人们的生命、财产安全，正是好也台风，坏也台风。

⏬ "泰利"台风登陆台湾东部花莲

大美东海

SPLENDID
EAST CHINA SEA

灵动酣畅的东海之岛，恍若上天妙手偶得，或奇异，或文艺，芳华自如；

异彩纷呈的东海之滨，仿佛泼墨随意而至，或炽烈，或圣洁，韵味别致；

深沉的保护区与公园，拥着那奇石、林木、渔产、候鸟与古迹，生机盎然。

浩渺东海，信然美哉！

海岛风光

浩瀚的东海之上，那些散落的岛屿，如同上天偶得的佳句，
嵊泗列岛的碧海奇礁、金沙渔火，桃花岛的奇峰异石、侠骨柔肠；
碧海奇石东极岛的渔家古风，海上花园鼓浪屿的文艺雅致，
海上仙子国花岙岛，古蓬莱岱山岛，一似繁星的台湾周边岛屿。
哪个不是灵动酣畅，恰到好处？东海之岛，芳华自如。

嵊泗列岛

"海外仙山"，勾勒出了嵊泗列岛的梦幻缥缈；浩瀚碧海、奇异礁石、金色长沙、渔港渔俗，云集于此；一曲变奏倾泻流淌，灵动隽永，酣畅淋漓。

嵊泗列岛

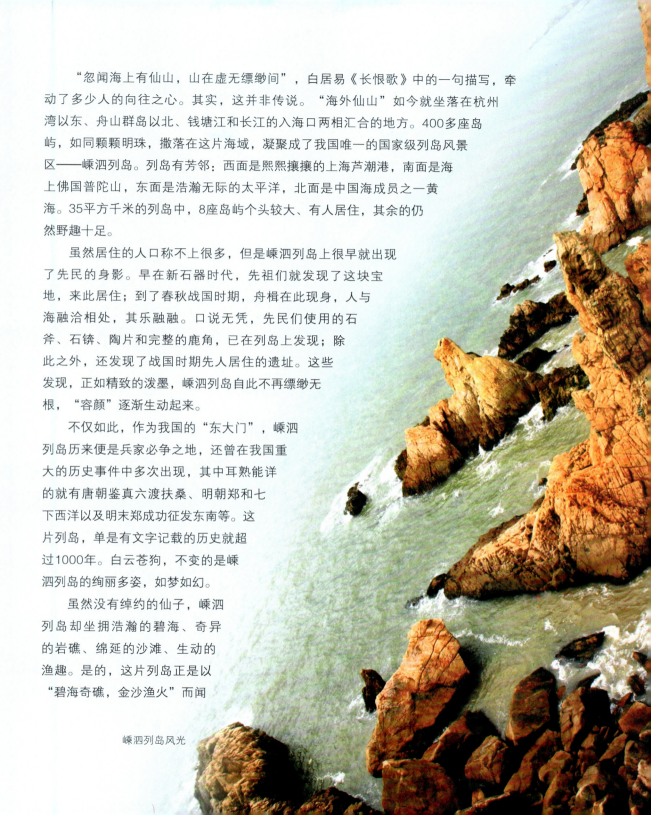

　　"忽闻海上有仙山，山在虚无缥缈间"，白居易《长恨歌》中的一句描写，牵动了多少人的向往之心。其实，这并非传说。"海外仙山"如今就坐落在杭州湾以东、舟山群岛以北、钱塘江和长江的入海口两相汇合的地方。400多座岛屿，如同颗颗明珠，撒落在这片海域，凝聚成了我国唯一的国家级列岛风景区——嵊泗列岛。列岛有芳邻：西面是熙熙攘攘的上海芦潮港，南面是海上佛国普陀山，东面是浩瀚无际的太平洋，北面是中国海成员之一黄海。35平方千米的列岛中，8座岛屿个头较大、有人居住，其余的仍然野趣十足。

　　虽然居住的人口称不上很多，但是嵊泗列岛上很早就出现了先民的身影。早在新石器时代，先祖们就发现了这块宝地，来此居住；到了春秋战国时期，舟楫在此现身，人与海融洽相处，其乐融融。口说无凭，先民们使用的石斧、石锛、陶片和完整的鹿角，已在列岛上发现；除此之外，还发现了战国时期先人居住的遗址。这些发现，正如精致的泼墨，嵊泗列岛自此不再缥缈无根，"容颜"逐渐生动起来。

　　不仅如此，作为我国的"东大门"，嵊泗列岛历来便是兵家必争之地，还曾在我国重大的历史事件中多次出现，其中耳熟能详的就有唐朝鉴真六渡扶桑、明朝郑和七下西洋以及明末郑成功征发东南等。这片列岛，单是有文字记载的历史就超过1000年。白云苍狗，不变的是嵊泗列岛的绚丽多姿，如梦如幻。

　　虽然没有绰约的仙子，嵊泗列岛却坐拥浩瀚的碧海、奇异的岩礁、绵延的沙滩、生动的渔趣。是的，这片列岛正是以"碧海奇礁，金沙渔火"而闻

嵊泗列岛风光

泗礁景区黄昏

名于世。50多处景点在此相互依偎，其中单是一级景点就有9处。为了方便起见，这些景点又合并为四个小家族：泗礁（包括黄龙等周边岛屿）、花绿（花鸟、绿华）、嵊山枸杞和洋山景区。

泗礁景区

日出给莫奈的印象，是支离破碎的一抹抹蒙蒙之色，泗礁给人的印象，则是那连绵不绝的一抹金色。这抹金色，便是基湖、南长涂这两个姐妹沙滩。两者从同一个地点出发，向相反的方向绵延，如飘然展翅的凤尾蝶，每个"翅膀"都足有2000多米，怎"舒展"二字了得！翩然的彩蝶之旁，众多怪石林立，上面的摩崖题刻，镌刻着人们心中的赞叹与仰慕。

泗礁景区

花绿景区

明晰和朦胧，在这里奇妙地交融。花鸟灯塔，坐落于花草丛生的花鸟岛的最北端。始建于1870年的它，默默立于东海之滨，不分昼夜，日日守候。那明亮的光束，穿透浓黑的夜色，点亮了无数游人的双眸，温暖了无数游子的

花鸟灯塔

归心。与之相对的，却是那风姿绰约的雾岛，无论春夏秋冬，始终云雾缭绕。两种极致狭路相逢，不但没有突兀之感，反而融合得恰到好处、别具韵致。

嵊山枸杞

嵊泗列岛最东部的嵊山枸杞景区，为悬崖峭壁所环绕。登上那连绵千米的嵊山东崖，陡然上升数十米，宛若驾于巨龙之上，顿生豪情壮意；怒波袭来，万千碎浪游走奔涌，动人心魄。枸杞岛的山巅之上，有一巨石直插云霄，上书"山海奇观"四个大字，苍劲有力，一如它的书者——明朝将领侯继高。比起险峻

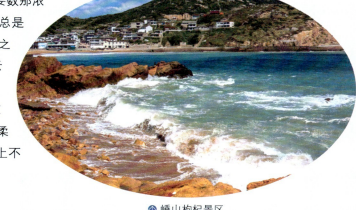

雄奇，嵊山枸杞最动人的还要数那浓郁的渔港风情，日出日落，总是伴着那桨声帆影。夜幕降临之时，渔港之中，万千渔船云集，林木一般的桅樯之中，点点渔火绽放光华，倒映在微微荡漾的水面上，似是温柔抒情的小夜曲，将这片"海上不夜城"装点得美轮美奂。

⬆ 嵊山枸杞景区

⬇ 嵊山渔港养殖盛况

洋山景区

石，或奇幻，或灵动，构成了洋山景区的灵魂。位于嵊泗列岛西部的它，容纳着大、小洋山岛和沈家湾岛等一众岛屿，幻石灵礁、摩崖石刻充盈其间。可不是吗？天然"石龙"，绵延100多米，恍如双龙偃卧，蜿蜒流转，磅礴大气；"通天洞"、"通海洞"上连山巅，下入瀚海，花岗岩球体堆叠而成的缝隙，巧夺天工，气韵舒畅。除此之外，"姐妹石"、"仙人洞"、"石鸡望空"、"驼石问天"等奇石不可胜数，一似那天然石雕艺术展。眼见这般奇景，文人墨客焉能只是坐而观之？挥毫之下，摩崖题刻不断涌现："海阔天空"、"海若波恬"、"中流砥柱"、"海宇澄溥"、"群贤毕至"……无不龙飞凤舞，令人目不暇接。如今，上海国际航运中心洋山深水港建设工程已落户洋山景区，崛起之中的世界重量级大港，着实令人期待。

东海鱼库

身为东海渔场中心的嵊泗，向来有"东海鱼库"之美称，嵊泗渔场便是其中的一颗耀眼的明星。每年冬汛来临之时，苏、浙、闽、沪等省市的10多万渔民，纷纷驾船赶来，捕捞穿梭其间的黄鱼、带鱼、墨鱼等，捕捞大军浩浩荡荡，甚是壮观。

🔽 洋山圣姑庙

环绕一个"鱼"字，嵊泗列岛也做足了文章，且不说捕捞所获，海洋生物馆、鼎沸的鱼市、如画的渔港、渔乡采风、海中垂钓无不吸引着游客的目光。不过，正所谓"民以食为天"，若要问嵊泗最热闹的地方，首推嵊泗夜排档和海鲜烧烤。沿着嵊泗的渔港，几十家海鲜夜排档一字排开，灯火辉煌，鱼香四溢；嘴里呷摸着嫩爽的海鲜，眼中欣赏着渔港的魅影，实在惬意。热爱沙滩又喜欢自己动手的话，海鲜烧烤便是你的不二之选了。自己在海上钓到的鲜鱼，租上个

⬆ 嵊泗渔港

摊位，抹上点酱油、麻辣油，放在炭炉上烤一烤，再撒上点五香粉，鱼身焦黄之时，但觉皮脆肉嫩、唇齿留香，真正是美滋滋。如果收获不多怎么办？不要着急，这里的老板会提供自助烧烤，包你吃得酣畅淋漓。

桃花岛

正如金庸笔下的蓉儿，桃花岛眉眼之间，皆是灵气，郁郁葱葱的植被，奇形怪状的峰石，侠骨柔肠的风情，桃花一岛，灼灼其华。

浙江省舟山群岛的东南部，群岛第七大岛——桃花岛遗世而独立。作为耳熟能详的金庸小说中黄蓉的家乡、"东邪"黄药师的地盘，桃花岛自是不俗。先看它的邻居吧：北面的普陀区政府所在地沈家门，以及"海天佛国"普陀山、"海山雁荡"朱家尖，西面的宁波市，南边的桃花港国际深水航道，东边丰饶的东海渔场，或繁华熙攘，或悠然广袤。正所谓"物以类聚人以群分"，桃花岛又怎甘示弱？于是，41.7平方千米的它，不但凝聚了海、山、石、礁、岩、洞、花、林、鸟等自然景观，还坐拥军事遗迹、历史纪念地、摩崖石刻、神话传说等人文景观。两相辉映之下，桃花岛神采奕奕，无怪乎1993年的时候，就被评为省级风景名胜区。

高山翠林、奇礁怪石、碧海金沙、幽涧溪洞……一众景观因子，相织相融，形成了桃花岛的六大景区——桃花峪景区、塔湾金沙景区、安期峰景区、大佛岩景区、悬鹁鸪岛景区和桃花港景带，恍若六汪清冽的潭水，倒映出了桃花岛的清丽风姿。

奇石林立的桃花峪景区

位于桃花岛东海岸的桃花峪景区，可是整座岛上生态环境最为优美的一处。置身于它的中心桃花寨，但见绿树浓荫、清溪曲桥，着实清雅，而随风飘动的杏黄旗，流光溢彩的红灯笼，还有药师精舍、靖哥居、蓉儿茶庄等无不让人感到浓浓的武侠氛围。在这里小憩，实在惬意。但倘要领略桃花峪景区的灵魂，就得攀登那刀削斧劈的弹指峰了。作为金庸的《射雕英雄传》中黄药师练成绝世武功的地方，它的形状像极了拇指从手掌中弹出的样子。矗立的

桃花岛景区

"拇指"周围，遍布奇峦异岩，海景晨昏之中，气势孤绝傲然。而惟妙惟肖的神雕石、海龟巡岸、含羞观音，则使桃花峪景区多了几分生动趣味和风貌。

弹指峰

碧海金沙的塔湾金沙景区

既然以金沙命名，塔湾金沙景区最为出色的自然是那"千步金沙"了。这片长1370米、宽400余米的沙滩，是舟山群岛的第二大沙滩。细型沙质使它细软纯净，无论是漫步其上，还是优哉游哉地来个沙浴、日光浴，都称得上美事一桩，而且与其他裸露的沙滩不同，这片沙滩身着绿衣。设想一下，绿荫之下静听海风、海波呢喃，该是何等享受！不过，要论韵致奇特，还要数"中华一绝"的"金龙吐珠"了。塔湾金沙景区内龙珠滩的海边上，一颗直径80厘米的"东海神珠"安然躺卧，经过海浪万载千秋的冲刷，石球圆润光滑，在龙喉之中吞吐翻滚、其声隆隆，正如金色长龙意欲出喉的明艳龙珠。是的，这里就是这般富于灵性，连观世音出家修行之地——白雀寺也栖落此处，悠悠千载，令人沉思。可塔湾金沙并非就此沉寂了，它还富含着满腔的动感呢，被称作"明镜湖"的海湾，平静清澈。在这里，可以进行各种水上活动，也可以在观看海景的同时，体验古代渔民的生活，进行钓、捕、笼、溜、扳各种渔业作业，有趣而又新奇。

↑ 千步金沙

↑ 安期峰景区

奇峰入云的安期峰景区

安期峰是这片景区的巅峰之作，它海拔540米，是舟山千岛之中的第一高峰，遍山的岩石奇形异状，宛如向普度众生的"观音石"进发的信徒，声势浩荡。不仅如此，这巅峰之上，始终为道教、佛教的光辉所笼罩。在海拔482米的地方，坐落着躲避暴秦、隐居安期峰的安期生炼丹的石洞。最初的时候，炼丹洞和石佛龛同处一室，随着炼丹洞的迁出，曾经的炼丹洞化身为如今的圣岩寺，供奉着释迦牟尼佛。依山起伏的圣岩寺，海拔之高，使它荣膺"千岛第一寺"的美称。由圣岩寺沿山道走上100多米，可以看到一个高3米、宽4米的天然石穴，两个洞口相互连通，轻叩石壁，腔隆作响；石洞之中，"别有洞天"，正是洞底有洞、洞外有洞、巨石相叠、丝丝入扣的奇特景致。

黄氏家族的大佛岩景区

景区的主角，毋庸置疑是底围268米、高72米、海拔287米、顶部面积百余平方米的大佛岩，它也是桃花岛的标志。舒展下手脚，一路攀藤扶树，钻洞挤缝，倒也别具风味。行至大佛岩中腹，可以看到天然岩洞"清音洞"，所谓清音，原是因为石洞直通大佛岩的底部，两端说话都清晰可闻。真正让这石洞声名鹊起的，是金庸的武侠小说《射雕英雄传》，书中绝世武功秘籍《九阴真经》就藏在这里，机灵鬼怪的老顽童周伯通也被关在这里，身处幽洞，直让人浮想联翩。直待登上大佛岩顶，极目远眺，但见舟山群岛散落水上，如同清波之中的颗颗玉珠，煞是可爱。

◆ 大佛岩景区桃花寨

大佛岩景区

作为《射雕英雄传》中黄药师的主要活动场所，大佛岩景区被看作桃花岛武侠文化的发源地，实至名归；更何况我国唯一一座海岛影视基地旅游城——射雕影视城景区也落户于迷人的散花峰下。颇具宋代风格的它，将山、岩、洞、水、林几大要素巧妙地结合起来，成为内地版《射雕英雄传》和《天龙八部》等电视剧的拍摄之地。踏入其中，眼见那黄药师山庄、牛家村、东邪船埠、归云庄、八卦书屋、黄蓉房等，一个个武侠人物仿佛即刻跃至眼前。

礁奇绿浓的悬鹁鸪岛景区

桃花岛东北部的悬鹁鸪岛，虽然面积只有0.78平方千米，神态却颇为葱郁奇特。一则，这里绿意浓浓，放眼望去，成片的林木覆盖着小岛，云蒸霞蔚，很是诗意；二则，这里的滩、岩、石、洞、礁、涯相间分布，个个形态奇妙，什么龙牙擎天、芦荡砾滩，什么乌龟洞、海豹礁等等，单是听听名字，就能唤起奇异的联想。

当然，除了观赏奇石风光以外，钓鱼、野营、狩猎也是不错的选择，而且这里盛产珠贝，所以采珍也不失为独特的体验。而鹁鸪门后门沙滩上，坐落的黑瓦红墙的定海城，作为电影《鸦片战争》舟山摄制地主要景点之一，于此遥想彼时的硝烟弥漫、不屈不挠，亦足以激起人们心中的怀古幽情。

↑ 悬鹁鸪岛景区

潆洄如画的桃花港景带

桃花岛西南部的茅山码头与岛东南部的乌石子之间，长达10000多米的桃花港景带，环岛而布，乘着小舟游于其间，沿途风光连绵不断；平阔的海港航道、蓊郁的海岛植物，正是人在画中游，而如磨盘峰、水坑石群、唐僧师徒渡海礁、地下迷宫等独特的海蚀洞礁、岩壁，则为这画卷平添几分灵动，妙趣横生。

醉人桃花，郁郁葱葱

桃花岛其实古称"白云山"，之所以改名，还要说起秦朝之时抗旨逃难至此的安期生。隐居在白云山上的他，整日修道炼丹，间或喝点小酒，过得优哉游哉，不亦乐乎。一天，他喝醉之后，墨汁洒到山石之上，斑斑点点，如同片片桃花，这石便成了"桃花石"，山成了"桃花山"，岛呢，也就改成了"桃花岛"。

因酒醉而生的桃花岛，山海相依，诗情画意，风光亦是醉人，历朝历代，不少文人墨客也慕名前来，观光探奇。安期生之后，汉代大臣李少纯、宋代大文豪苏轼等都曾前来观瞻，赋予桃花岛武侠风情的金庸，也自是不能缺席。他们心醉之下，留下了众多脍炙人口的作品，清朝诗人朱绪的"墨痕乘醉洒桃花，石上斑纹烂若霞。浪说武陵春色好，不曾来此泛仙槎"便是其一。人文的情怀，就此融入了桃花岛的血脉之中。

虽然不乏奇峰异石、好词佳句，但若要论桃花岛上气势最盛的，还要数那郁郁葱葱的植被。一座桃花岛，75%的面积被各种植物占了去，单是树木就有73类、356个品种，种类之多，在浙江沿海岛屿之中绝无仅有。不仅如此，水仙、兰花、杜鹃、黄杨等名贵花卉也竞相绽放。其中的普陀水仙，名列我国三大水仙名品，而且浙江名茶——普陀佛茶也扎根桃花岛。一时之间，各色植物层层叠叠，生机勃勃，怪不得桃花岛一向被称作"海岛植物园"。

⬆ 普陀水仙

⬆ 桃花

东极岛

这里的人们，心灵手巧，绘就一幅幅渔民图；这里的人们，心肠仁慈，救起一个个英国战俘。大爱无疆，美哉东极！

东极岛的美景，曾经如同深藏蚌壳中的珍珠，并不为人熟知，说到底，还是现代科技带给了它新的生机。可不是吗？正是那些摄影爱好者，通过网络将东极岛带到了人们的视野之内，东极岛的绝世芳华，自此势不可当。这颗珍珠，位置比较独特。远离舟山本岛的它，是舟山群岛最东侧的岛屿之一，因而这里的海，较别处格外蔚蓝如洗，分外纯净美丽。

由28个岛屿和108个岩礁组成的东极岛，自是绚丽多姿。一众波涛岛礁，沐着灿烂的阳光，映着蓝盈的海水，正是如诗如画的美妙风光。奇妙的是，每到春夏季节，云雾轻笼整个东极岛，赋予它"云雾岛"的美称，与岸边俨然两个世界。除了奇特的风光之外，东极岛还渗透着浓郁的海洋文化，浸润着古朴的渔家风情，正如划破水面的鱼儿，鲜活灵动；庙子湖、青浜岛、东福山、西福山、财伯公雕像等，则似闪耀的鳞片，将东极岛装扮得神采飞扬。

东极岛

⬆ 青浜岛一角　　　　　　　　　　　　　　⬆ 东极岛一角

庙子湖

庙子湖并非湖泊，而是一座2.64平方千米的小岛，坐落在中山列岛的中部。之所以称为"庙子湖"，据说是因为福建渔民最先来到这里的时候，见岛上有一座小庙，庙下有一水池，故而得名。它自东南向西北伸展，长3.6千米、宽1.5千米，颇有棱角，海岸线曲曲折折，遍布湾岙和岬角。作为普陀东极镇人民政府的驻地，它的中心地位毋庸置疑，但这座小岛最大的特色，还在渔业。庙子湖岛是舟山渔场的重要组成部分，也是中街山渔场的中心所在。岛四周的海水十分清澈，各种海洋生物畅游其间。其中，经济类的就有近200种鱼类、35种虾类、35种蟹类、25种海洋贝类以及30种藻类，水下世界确是异彩纷呈、生机勃勃。既然有这么多的海洋经济生物，观海之余，拿起钓竿或者渔网，亲手捉几条鱼、几只虾蟹尝尝鲜；或者漫步海滩时，随意俯拾几片扇贝，不都是惬意消闲的美事吗？

青浜岛

庙子湖岛略东的地方，坐落着南北走向的青浜岛，岛上的大部分居民也是从事渔业生产。不过，这里的最大特色还在于它的郁郁青青。没错，正如其名，青浜岛上草木繁盛，一片葱郁，四周的海水也自然地调和成靛青色，美不胜收。众多的草木覆盖了全岛41.3%的面积，由于岛上的土壤并不肥沃，主要是棕红泥沙土、棕黄砾泥和砾石滩涂，所以植被也多为白茅草丛、黑松林和坡地旱地作物；其中，300多种维管植物蓬蓬勃勃，海桐、日本野桐、滨柃等滨海及海岛特有植物欣欣向荣。

↑ 青浜岛一角

绿意之外，青浜岛的东南部还坐拥着长150米的金色沙滩，构成了绵延的沙浦湾。这里既有着得天独厚的海湾和沙滩，又有着东极当地的物质文化遗产——石屋民居，潜力无限。这个集观光游览、休闲度假、餐饮娱乐、海钓运动、影视拍摄于一体的休闲度假胜地，正如一颗耀眼的新星，冉冉上升。

东福山

秦朝之时，徐福曾经率领三千童男童女，下东海为秦始皇求长生不老之药。据传，驻足地便是东福山，从而为这里增添了不少传奇色彩。

↑ 东福山

"福如东海"一词，据考证便是源自东福山岛。这里西侧的山坡上，有一奇石安卧于天地之间，号称天下第一福石，据说到这里的人都能增福增寿。这可是大好事，好事自然多磨，想要登上东福岛，可颇要费一番周折。从陆地到东福山，要走上两天；期间，要换三次船，靠四个岛；渐渐地，大轮渡变成了小渔船，小风浪却化身为大风浪，谁让它位于东极岛的最东端呢！如此偏僻，人口自然不多，2.95平方千米的小岛上，常年居住的人口不过50人，而当地居民戏谑地将它称作"风的故乡、雨的温床、雾的王国、浪的摇篮"。不过，想要远离喧嚣的话，此处不是正合心意吗？与当地渔民一起，钓钓鱼、拉蟹笼，或者干脆什么都不做，任凭目光驰骋于海上的激湍风光，赏玩妙趣横生的象鼻峰，眺望西福山睡佛，无不令人心思澄净、超然于世。

西福山岛

西福山岛就坐落在青浜岛东南1.2千米的地方，相比之下，它要纯粹得多，这座无人小岛，整个如同一尊横卧海面的睡佛，宁静舒展，日日保佑着出海渔民的平静安康。

财伯公雕像

快到东极岛的时候，远远看到山巅之上，有一雕像手举火把，神似美国的自由女神像，因而被人们戏称为"自由男神像"。其实，这人并非神仙。他本名陈财伯，原是福建的一个渔民，出海期间，遭遇到大风浪翻了船之后，漂流到了东极岛上，而他也因此成为第一个登上东极岛的人。陈财伯并未自暴自弃，相反，他发现在东极岛上能更灵敏地察觉海上的风浪。于是一遇到台风天气，他就点燃一堆火，提醒渔民不要靠近，以防搁浅，久而久之，当地的渔民以为有神仙指路。后来，渔民们发现火光不见了，难道神仙不灵了？好奇之下，驾船来到了这里，在庙子湖岛上发现了已经死去的他，而他的身边，还残留着一堆灰烬。人们感念他的帮助和无私，为他修了财伯公庙，以示纪念。

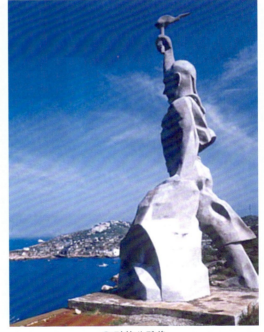

🔺 财伯公雕像

自由鲜明的东极渔民画

起源于20世纪80年代末的东极渔民画，以湛蓝的大海为背景，以渔民的生产、生活为题材，绘出了独特的渔乡风情和海洋气息。正如它的灵感源泉——海洋一般，它挥洒自如，天真纯情，诗意盎然，无论是艺术手法之独特，还是地方特色之鲜明，都堪称渔民艺术之典范、民间美术百花园中的一朵奇葩。多年来，东极渔民画已初成气候，陆陆续续培养出200多位渔民画家，"民间绘画创作基地"和"渔民画艺术社区"也已抽枝发芽，日渐繁茂。

⬆ 东极渔民画

历史尘封的"里斯本丸"沉船事件

"里斯本丸"是"二战"期间日本的船只，自香港运送1816名英国战俘至日本，船上没有作任何有关战俘船的标记。1942年10月1日，在舟山外海巡逻的美国潜艇发现该船之后开火攻击，"里斯本丸"被一枚鱼雷击中，但并未马上沉没。

当天下午，日本的舰船赶到，只转移了船上的大部分日军，他们不但不放战俘自行逃生，反而将压舱板全部钉死，甚至在压舱板上盖上防水布，底舱的空气流通越发不畅，很是浑浊。10月2号上午，"里斯本丸"漂到青浜岛附近的海面上，船上剩余的日军和船员开始撤离，底舱的战俘们实施自救，却又遭遇日军的开枪射击，冲出火线的战俘纷纷跳入大海，向海岛游去，途中不断有人体力不支，葬身于大海。听到枪声的渔民们，看到洋面上挣扎的身影，随即出船救助并把这些战俘接到家中，帮助他们存活了下来。

直到渔民们看到被救的人拿出的"香港中国人"五个汉字才知道，自己救的是盟国战俘。10月3日早晨，正当渔民们商量着怎么把他们安全转移的时候，日军的五艘炮艇已经围在了岛屿的周围。当天下午，200多名全副武装的日军上岛，挨家挨户搜查英国战俘，除了山洞中藏的3人以外，其余均被押走，还留下军舰在此巡逻。10月9日，青浜岛6位渔民，冒险用小帆船将这3名英国战俘送到了葫芦岛，后来辗转送至重庆。有趣的是，朴素的渔民们不愿邀功，并未上报，也未大肆宣扬自己的英勇行为。乐于助人，不图回报，仁手慈心，"里斯本丸"沉船事件正如一面明镜，映出了日本侵略者的丑恶，更凸显了东极渔民最动人的悲悯之心，东极的渔民们，大爱斯美！

鼓浪屿

登临日光岩，望着烟波浩渺，岛屿万千，心旷神怡，无边无界；漫步林荫道，赏着万国建筑，琴声淙淙，闲情逸致，文艺唯美；鼓浪屿啊，一如海上的花园，风华绝代。

文艺范儿，唯美浓郁

厦门西南500多米的海面之上，鼓浪屿如同一块晶莹剔透的美玉，安然徜徉。所谓鼓浪屿，只因小岛的海滩之上有一块两米多高的礁石，礁石之中有一洞穴，风浪袭来，会发出阵阵"鼓声"，故得名鼓浪石，小岛也就在明朝的时候，正式得名鼓浪屿。看来，自它诞生之日起，这座小岛便充溢着浓浓的文艺气息。如今，这里俨然成为众多"小清新"的朝圣之地。来到这座与世无争、浪漫静谧的小岛上，数一数枝丫间漏下来的日光，听一听空气中若有若无的乐声，品一品绿树掩映的精美建筑，望一望碧蓝的天空与海水，用文字、影像记录下清澈的心绪，很唯美，不是吗？

唯美的图景之中，最为明艳的还要数日光岩，也就是俗称的"岩仔山"。这座鼓浪屿的最高峰，由两块岩石一竖一横相互依偎而成，正似两位甜蜜相依的恋人，只是这恋人的身量着实不小，足有92.7米高。到日光岩，首先映入眼帘的，便是气势不凡的大字题刻，只见40多米高的巨岩峭壁之上，"天风海涛"四字横向排开，霸气十足；其下另有两行题刻，左侧

🔻 日光岩上远眺厦门

↑ 日光岩

为"鹭江第一",右侧为"鼓浪洞天",为明万历元年（1573）江苏丹阳人丁一中所书,是日光岩最早的题刻,资历甚老。四字之中,凝聚了鼓浪屿文艺的精髓。

↑ 日光岩寺

如画的风景,向来是陶冶性灵的佳处,日光岩也不例外,孕育出了"一片瓦"日光岩寺。与其他寺庙不同,它的自然风味更浓。这从何谈起?其实它是一个天然石洞,明朝万历十四年（1586）,依托巨石作为庙顶,顺应山地的形式而建成。屡毁屡建之后,如今的日光岩寺精巧玲珑,还别出心裁地将大雄宝殿、弥勒佛对合而设。优美如它,自是少不了高僧光顾,著名的弘一法师——诗词书画大师李叔同,便曾于1936年在此闭关8个月。

同是山洞的,还有那古避暑洞。别看它只用两旁石壁支起一花岗巨石,仿佛泰山压顶一般,却实在明亮干燥,通风清爽,真正是避暑的好去处。不仅如此,穿过它向左拐,还能看到一座小亭子,以岩石当做凉台,名曰"伞亭"。坐于其中休憩,可见旁边的岩石顶上,有

⬆ 古避暑洞

一石盆和脚印，它们的来头可不简单，一个是仙人的洗脚盆，一个则是仙人的脚印，曾几何时，它们受着海浪的冲蚀，形成了这般海蚀地貌，随着地壳的上升，来到了日光岩顶。

日光岩最令人心旷神怡的，还是那顶峰上的"百米高台"。登临此处，沐着天海之风，望着浩渺烟波，耳闻波涛细语，心头的尘埃，转瞬间涤荡得干干净净。鼓浪屿上的建筑错落有致，列陈在脚下；海沧开发区与中银开发区，遥相呼应；大金门、小金门一众岛屿，纷呈眼前；正是登临斯处，此乐何极！

万国建筑博览

倘若风光是自然的笔触，那么建筑便是人文的积淀。温和浪漫的鼓浪屿，在鸦片战争中厦门成为通商口岸之后，吸引来了大批的外国人。一时间，教堂、教会医院、领事馆等陆续涌现，而数量最多的还是那些灵秀的公馆、别墅等居住建筑。漫步于林荫之间，抬眼看去，一栋栋建筑无不洋溢着浓郁的欧陆风情——古希腊的柱式家族陶立克、爱奥尼克、科林斯齐聚一堂，更兼有雄浑的罗马式圆柱、峻峭的哥特式尖顶、优雅的伊斯兰圆顶，共同沐浴在旭阳之下；而巴洛克式的浮雕、各式阳台、钩栏和突拱窗，各自舒展着曼妙的身姿；栏柱之间，古典主义和浪漫主义色彩随意跳跃，轻盈动人。与此同时，许多华侨事业有成之后，思恋故土，纷纷回到闽南，鼓浪屿因它的玲珑和精致，成为最佳的落脚点。风姿各异的离宫别苑，一座接一座地栖落于鼓浪屿，中式、西式的建筑交融，配上当地二进、三进的古老民居

↑ 八卦楼

↑ 三一堂

↑ 海天堂构

建筑群，就这般奏响了鼓浪屿的万国建筑交响曲，其中最为清亮的三个音符，便是八卦楼、三一堂和海天堂构。

从日光岩上俯瞰，一红色圆顶最为抢眼，那便是八卦楼了。建于1907年的它，高25.7米。有趣的是，高10米的圆顶上，有8条棱线，分别立于八边形的平台之上，而顶窗则朝向24个方向，无怪乎称为"八卦楼"。设计之中，糅合了巴勒斯坦、希腊、意大利和中国的一些经典建筑风格：雅致的大圆柱、十字形通道、陶立克式和爱奥尼克式柱头装饰展示着欧陆的典雅；压条下的青斗石花瓶，又为这典雅添了几分中国情趣；而它最为醒目的红色圆顶，更是直接模仿了世界上最古老的伊斯兰建筑——巴勒斯坦阿克萨清真寺的石头房圆顶，真正是博采众家之长了。"白宫"一般的它，已经成为厦门的标志性建筑，如今已经摇身一变，成为鼓浪屿风琴博物馆，而它自己，不正如风琴一般起伏有致、娓娓动人吗？

同样别致的是那座十字立体式教堂。那是1934年时，众多基督徒迁居鼓浪屿之后，渡海到厦门做礼拜十分不便，于是联合在鼓浪屿请中国人设计建造教堂，足足用了66年才全面竣工，并取圣父、圣子、圣灵三位一体的教义，将它命名为"三一堂"。只见这座教堂的黄瓦屋顶之上，八角钟楼巧居中央，托举起高耸的十字架，气势非凡。大堂之内，13米跨度的墙体长宽同等，支撑起柱钢梁拱券的屋架，配上天花木板吊顶，宏伟堂皇。置身其中，无论是祷告，还是唱赞美诗，都能听到极佳的音响效果，如同天赐的恩惠，堪称三一堂一绝。宏伟非凡的它，在2006年晋升为第六批国家级重点文物保护单位，呵护之下，它将继续作为沧桑岁月的见证者。

与前两者相比，海天堂构充溢着更为浓厚的民族风范，在欧陆风格占据半边天的鼓浪屿中，别具一格。它的门楼重檐斗拱、飞檐翘角，正是典型的中国传统式样；前后的楼宇采用的则是古希腊柱式；中西方文化在此交融，擦出奇妙的火花。不过在海天堂构，最为出彩的还是中国传统元素：它的中楼已经建为仿古大屋顶宫殿式建筑，重檐歇山顶曼妙昂扬，四角缠枝高高翘起，恰似翘首以待的少女一般，楼顶的前部还有亭子遮蔽的八边形藻井，匠心独运。这里所有的檐角都装饰着缠枝花卉或吸水蛟龙，挑梁雀都塑成龙凤挂落，园内民族元素随处可见，气韵着实不凡。

钢琴之岛，音乐之乡

漫步于鼓浪屿的林荫道上，时不时能听到倾泻而出的淙淙的钢琴声，悠扬的小提琴、流转的吉他声亦是处处可闻，和着海浪丝丝入扣的节拍，真正是"音乐之乡"了。不过，这里最得人心的还要数那黑白相间的音乐精灵——钢琴。

⬆ 风琴博物馆

鼓浪屿居民人均拥有钢琴数量，在全国稳居翘楚，无怪乎被称作"钢琴之岛"。在这里音乐学校、音乐厅、交响乐团层出不穷，还有钢琴专属的博物馆。就在菽庄花园的"听涛轩"中，40多架古钢琴典雅而立，既有世界最早的四角钢琴、最早最大的立式钢琴，又有古老的手摇钢琴、脚踏自动演奏钢琴，甚至稀有的镏金钢琴也陈列其中。在这钢琴博物馆中走上一圈，钢琴300多年的发展史历历在目，着实令人惊叹。

在鼓浪屿，享受博物馆待遇的，除了大众熟悉的钢琴，还有略微低调的风琴。头一次听说风琴博物馆吧？八卦楼内的鼓浪屿风琴博物馆可是国内唯一也是世界最大的风琴博物馆，5000多台风琴静默立于其间，虽不事张扬，却难掩芳华。

↑ 菽庄花园

↑ 皓月园郑成功铜雕

海上花园

四季如春的鼓浪屿，花繁叶茂，并无车马喧嚣，素有"海上花园"之称。位于港仔后的菽庄花园便是这海上花中的一朵。它1913年由林尔嘉依海修建而成，以园藏海，以园饰海，以海拓园，以石补山，以洞藏天，总面积20328平方米的花园，竟有了空间无限之感；山光水色、海波亭台动静皆宜，相映相拥，正是数不完的妙趣，道不尽的风流。恰巧港仔后又是平阔舒展的沙滩，正似那滋养花朵的沃土。这里十分和缓，海水分外温柔，又没有凶恶的鲨鱼，加上每年6个多月都适宜游泳，确是理想的天然海滨浴场。这"沃土"之上，生机自是不乏，游艇、摩托艇等水上娱乐项目一应俱全，1998年还举办过全国OP级帆船锦标赛，在清幽之余，为这海上花园颇添了几分动感。

相比之下，位于鼓浪屿东部覆鼎岩海滨的皓月园，似乎更富威武之姿。占地30000平方千米的它，沿着鹭江之滨铺展开来，犹如鲲鹏展翅；庭园之中，海滨沙滩、绿树亭阁，相间分布。不过，它最大的亮点是郑成功雕塑，一是巨型铜雕，郑成功及分立其旁的部将，身量大于真人，分外魁梧，而其旁的兵马则向两侧延展开来，阵势非凡，但相对于另一座郑成功雕像，似乎有点小巫见大巫了。另一座巨型花岗石郑成功雕像，伫立在覆鼎岩之上，高15.7米、重1617吨、23层625块"泉州白"花岗石雕成的身躯虎虎生威，令人精神为之一振。

鼓浪屿这座花园，不仅白天气象巍然，夜间更是清静幽雅。浓黑的夜幕之中，日光岩、八卦楼、郑成功雕像等，如同天空中的繁星，熠熠闪光；隔江远眺，海上花园之中，花团锦簇，绚丽夺目，映在水中，万般风情；而不时变幻的激光射线，更为这繁景添了几分昂扬。此时，岛上、海上、天上满是灯光的曼妙舞姿，摇曳醉人。

郑成功雕像

花岙岛

海浪如弦，岁月拂过，奏出巧妙石韵，花岙岛，隐于世外的海上仙子国度。

海琢石空，精巧峻险

宁波市象山县南部的三门湾口的海面上，有一座小岛如同隐士一般，悄然躲于人世之外。这片9.83平方千米的小岛，由于多花多岙，被称为花岙岛。它坐拥36岙、108洞，而且岙岙有"景"，洞洞有"仙"，端的是不可小觑。放眼望去，但见山峦耸翠，绿意盎然。不过，这里最有特色的还要数那大大小小、奇形怪状的石头：既有气势恢弘的中心式火山岩原生地貌海上石林，又有五彩鲜艳的鹅卵石滩；既有奇特的蜂窝岩，又有比邻而居的吞吐洞、仙子洞。更奇的是，北边卧有一巨岩，神形酷似大佛，花岙岛也因此得了一个别名——大佛岛。

海波的雕功，使这里的每个角落都充盈着灵气，无怪乎素有"海上仙子国，人间瀛洲城"的美誉，南北朝的道家也将它列

花岙岛

为"南天七十二福地"、"海上十洲"之一。虽然美称不少，但这座小岛并未沾染铅华。自唐朝开始，这里就有人居住，但明朝洪武年间被封禁，做屯兵、练兵之用，直至清光绪元年（1875），封禁才得以解除，开始有居民迁入，加上交通不便，故而人迹罕至。所以说，这里的一切都充满原始风味，呈现着自然最初的美好与奥妙。

沧桑岁月，脚步依稀

如前所说，花岙岛在明清鼎革之际，充当了东南沿海的抗清据点之一。名将张煌言即张苍水，便在此屯兵抗清。此人意志坚定，坚持抗清达19年之久，最后英勇就义于杭州。英雄的驻足，为花岙岛留下了两处遗址，既有7000多平方米的营房，又有1300平方米的练兵场地，足以想见屯兵的规模和对抗清信念的坚守。不过花岙岛的沧桑可不仅如此。这座小岛虽无碑无碣，但有趣的是，风雨侵蚀之下千疮百孔的岩石之上，往往有象形文字一般的符号，令人迷惑和神往，不禁使人猜想：多少岁月方才铸就了这精巧的花岙岛，而这小岛又曾经历过怎样的历史文化变迁呢？岁月的脚步声，只是那么依稀地飘荡在岛上的花岙之间，任人遐想了。

大嵛山岛

天湖与山峦，相依相偎，草原与碧海，相映生辉，大嵛山岛，好不秀美悠扬！

作为福建东部最大的岛屿，大嵛山岛的全部身量为21.22平方千米。比起海南岛、台湾岛这种大牌海岛，大嵛山岛似乎略显娇小，但2005年时，它就在《中国地理杂志》列出的中国最美十大海岛中排名第八了，正所谓"酒香不怕巷子深"。大嵛山岛的美也确实不负此称，因为这个海岛或浩荡或延绵，或舒缓或澎湃，它一会儿是那澄明温润的江南，一会儿是那舒展悠扬的草原，一会儿又成了峻峭浩渺的浪涛，山、湖、草、海在此完美融会，彼此相依相衬，正如交响乐曲中的跌宕起伏，浑然一体。

海上天湖

"海上天湖"，为何会有如此玄妙的名字？就好像这湖不食人间烟火一般。实际上，这名字是再贴切不过了，因为大、小天湖就栖落在东海之上海拔200米的地方，恰似那远离尘俗的飞鸟一般，轻盈而空灵。

天湖有二，大天湖和小天湖。大天湖几近1000亩，在这里，人们大可放开心怀，驾一叶扁舟，恣意东西。小天湖则要小许多，不过200多亩，却也正好成全了它小家碧玉般的秀美。

大嵛山岛

大、小天湖并非紧紧依偎，而是隔着1000多米，相对无言。两者各自拥有自己专属的泉眼，倒好似那伯牙和子期，彼此互不干预，互相独立，却是琴瑟和鸣，知音缱绻。这两片湖水都常年不枯竭，而且清澈甜美，堪称是个琉璃般的澄澈世界。

南国天山

湖光山色，多半相依相伴，大嵛山岛也不例外。这里的山峦称不上高耸，最高处的纪洞山海拔也不过541.3米，但这恰好成全了山峦的秀美。这儿的山峦没有凌人的傲气，而是温柔地在水中照着影儿，准备美美地出现在人前。奇妙的是，在天湖山与天湖交界的地方，平缓宜人，偏又长满了碧草，成了万亩草场，蔚蓝的天空之下，恍如碧绿的涟漪，在微风中轻轻荡漾开来，正有"天苍苍，野茫茫，风吹草低见牛羊"的诗意，广袤奔放的西北大草原风格与浩渺幽远的浩瀚东海相互融合，碰撞出奇妙的火花，无怪乎被称作南国天山了。

纹理海滨

整日与风、浪这两位天生雕刻家相伴，大嵛山岛的海边自然是千姿百态了。那些礁石在风浪的手笔之下，高低交错，嶙峋峻峭，一忽儿如同金猴观日，一忽儿如同千百新叶，一忽儿如同慢吞吞的海龟，一忽儿又如同堆砌精巧的建筑，正是仪态纷纭，如同上天三三两两的词曲一般了。除了这条"礁石宝链"，风浪还有更为温情的笔法。有一条溪流，自天湖山的岩石之间，一路跳跃而下，故而被称为跳水漳。跳水漳在行进的时候，也没有闲着，将那路途之中的许多泥沙，一同裹挟而来，在溪流入海的地方，沉积成一片沙洲。这片沙洲合着风浪的节奏，顺着风浪的方向，形成了一波一波的涟漪，倒也造就了"沙滩奇纹"的胜景，漫步其上，或者来个沙滩排球，或者晒晒太阳去海里游个泳，都不失为人间惬意之事。

⬆ 大嵛山岛

⬆ 南国天山

⬆ 岱山竹屿港全景

岱山岛

碧波荡漾，吹送出绵延的沙、万亩的盐、缥缈的景；奇石林立，叠嶂出耸翠的山、五彩的石、峭立的壁；观音登临，铸造出宏伟的寺、幽深的庙、玉立的塔。东海蓬莱，岱山岛名不虚传！

蓬莱仙境，总能引发我们美好想象，但你想象过它现实中的模样吗？没错，古蓬莱，或称东海蓬莱，就是这岱山岛了。身为舟山第二大岛的它，有大大小小406个岛屿，串珠一般荡漾于东海的碧波之中，着实迷人。白云苍狗，文人墨客所吟哦的蓬莱十景，如今也已焕然一新——蒲门晓日、白峰积雪、鹿栏晴沙、燕窝石笋、竹屿怒涛、渔港栖霞、徐福公祠、金沙依翠、宝塔览胜、观音驾雾，如同十颗剔透的宝石，散布在景区之中，将岱山岛装点得气度雍容、不可方物。

起伏的碧波，赋予了它舒展的沙滩，赠予了它丰沛的海盐，也赐予了它缥缈的海景。岱山岛，便似那海洋的女儿，妖娆美丽。

鹿栏晴沙

　　身为"蓬莱十景"之一的鹿栏晴沙，位于岱山本岛北部的鹿栏山下，南北绵延3.6千米，堪称江浙沿海最长的一条海滩，而且东西宽度也达300米，百米以外，海水才及胸。虽然涨潮时汹涌宏伟，但退潮之时的海水实在安宁可爱，是出色的大型海滨浴场。有趣的是，这片沙滩很有个性，并不是灿烂的金色，而是呈铁灰色，且沙质十分细腻却又偏硬，据说这可是孙悟空当年大闹龙宫时，用金箍棒从龙宫地下搅出来的沙，汽车居然可以行驶其上，也算是一大奇景了，因而这晴沙又被冠以"万步铁板沙"之称。三面秀峰环抱之中的它，中间有小屿泥螺山，四周礁石各异。清晨的时候，站在鹿栏晴沙，观望东海，磅礴大气，清代诗人刘梦兰有诗赞之："一带平沙绕海隅，鹿栏山下亦名区，好将白地光明锦，写出潇湘落雁图。"

🔼 鹿栏晴沙

↑ 秀山滑泥

↑ 三星岛国际灯塔

↑ 盐田

秀山沙滩群

吽唬、三礁、九子三个沙滩首尾相连，构成了月牙儿一般清丽的秀山沙滩群。三者之中，吽唬沙滩尤为出众。它长600米、宽100米，足以进行各种沙滩活动。不过，它最吸引人的还是个"渔"字。正是，这里的海水比较温柔，礁石又多，海上的藻类也欣欣向荣，所以梭子蟹、铜盆鱼、虎头鱼等水产生物都相中了这块宝地，每逢夏秋季节，便来此产卵栖息。此时来到这里，循着当地渔民出海捕鱼的仪式，自己亲手垂钓或者张网作业，满载而归，回到烧烤区，品味着最为鲜嫩的海味，真正是惬意自在。节目还没完，这里还坐落着全国唯一的滑泥主题公园。它可不像听起来那么另类，阳光之下，海滩上的淤泥闪耀着乌金一般的光芒，滑行其上，实在妙不可言；跌倒了也不要紧，这淤泥对皮肤可是益处多多呢！

三星岛国际灯塔

浩瀚的海洋，总少不了灯塔的身影。灯高63米的三星岛国际灯塔，塔身高7.9米，坐落于鼠浪湖岛东6千米处，是太平洋西岸的第二大灯塔。由英国海务科建于1911年的它，为白色钢板铸钉圆柱形塔，光线的射程可达10千米。于灯塔之上，俯瞰大海，海阔天空的壮阔景象，非常迷人。

万亩盐田

海水湛蓝而美丽，而且还蕴藏着丰富的盐分。早在4000多年前，岱山岛的居民就领会了这一点，在岛上留下了"渔猎煮海"的印迹。历史长河的流淌，赋予了岱山贡盐不俗的名气，向来被赞为"渔盐之利，甲于一方"。作为浙江第一产盐大县，岱山仍坐拥3.5万多亩盐田，气势恢弘，其中尤以岱西盐场与双峰盐场声势最盛。登高远眺，但见海岛周边一片片的盐田，宛若一块块豆腐，在海水与岛屿之间，沐着灿烂的阳光，走近一看，白花花的盐晶闪耀着银光，如同晶莹的雪花一般，煞是奇妙，而劳作其间的盐民们还会热心地向游人展示制盐的过程，细看这些盐晶是如何"脱颖而出"的。

鱼山蜃楼

海，缥缈而又神秘，舟山群岛更为奇特，独自占去了三种海上奇观，除了我们平日熟知的海市蜃楼之外，还有那缤纷的海虹和海滋。岱山之上，光和水蒸气似乎格外活跃，因此这里从不乏海市蜃楼，有历代赞美诗句为证："云连波白蒸鳌柱，月带潮青结蜃宫"；"仙山楼阁影重重，缥缈虚无接太空"；"隐约烟霞警变幻，虚无屏嶂任回环"。更奇的是，这里的海市蜃楼似乎多了点佛性：1916年8月，孙中山先生在佛顶山上的时候，就见到一座雄伟富丽的牌楼，十几个怪和尚笑着迎接来客；1986年的时候，观音山顶又出现了短暂的难以计数的佛像，令人惊叹。相比海市的喧嚣，当地人称作短篷的海虹，则要静上许多，但瑰丽不减，天晴之时，海天之中，忽的闪现七彩缤纷的彩虹，恍若梦境一般。海滋就更为有趣了，阳光强烈，外加海上水蒸气大，大小岛屿隐隐约约漂在空中，正似那传说中的海上仙山，飘然渺然。

摩星山、燕窝山

位于岱山岛东南部的摩星山，占地约6平方千米，碧树满坡，绵延叠翠；最高点月平岗，海拔257.1米，其上可览海上日出日落，翠峰沐浴日光之景象，甚为开阔。位于岛北端的燕窝山，不似摩星山般魁梧，但历经千万年来海水的不断冲刷，形成了众多的海蚀柱、海蚀礁，酷似一棵棵竹笋，被称为燕窝石笋。

摩星山

彩石竞艳

在燕窝石笋的西北面，有一条长约1000米的彩石塘，顾名思义，这里的砾石五彩缤纷，黑、黄、灰、红等多种颜色交相杂陈。天公作美，由于海水的长期冲刷，这些彩色的石头一个个化作浑圆可爱的鹅卵石，徜徉在清澈的海水之中，分外光彩照人。

⬆ 彩石竞艳　　　　　　　　　　　　　　　　　　⬆ 石壁残照

石壁残照

与向蓬山一样，岱山岛最西端的岱西镇双合村原为悬水孤岛，但如今通过一条拦海大坝同岱山本岛连接起来。这里的石板（条）十分有名，石质细而坚韧；有趣的是，经过当地居民世世代代的取石开凿，不经意间竟形成了50多处石景旧迹，其中既有雄伟挺拔的石峰、形如刀削的石壁，又有色彩缤纷的石幔、清澈见底的石潭。向下看，碧水依依，洞洞幽幽；往上望，峭壁入云，夕阳投射其上，金光灿灿，煞是壮观。"石壁残照"也由此名列蓬莱十景。有清人曾经赋诗咏之："石壁潺颜影倒横，夕阳闪闪十分明，若教移入天台郡，霞彩何曾让赤诚。"

佛道兴

岱山岛这片东海蓬莱，从不缺乏文化底蕴，其中佛教庙宇、寺院、宝塔不一而足，蔚然成风，着实兴盛。其中资历最老的，恐怕要数超果寺了。据史料记载，早在宋朝，岱山岛上的超果寺已是岛中最为人称胜的寺庙，"基宇广延，肇造宏丽，松竹环山，莲池绕宇"，充满灵性的它，令人流连忘返。可惜的是，明朝的时候，因倭寇来袭而化作一片废墟，清康熙年间，有僧人来此募资重修，才逐渐恢复往昔的荣光。其次是建于明朝崇祯年间的崇福庙，清朝康熙和乾隆年间历经的两次大修，使其定型为如今清代古建筑风貌。虽然面积仅1000平方米，规模并不算大；但前殿、正殿两侧各有厢房相连，围成四合院；中间有戏台，殿前有照壁，东西设台门，另成一院，布局着实严整精致。最早的并不一定就是最为出色的。虽然慈云极乐禅寺建于清朝乾隆年间，距今不过300年历史，但历尽劫难，几次重修、扩建之后，倒拥有了山门、梵谷清音、放生池、钟楼、鼓楼、大雄宝殿、玉佛殿等景致，占地近百亩，声势浩大，已成为摩星景区的主要景点。

如前所述，岱山岛与观音渊源甚深，自然少不了香火供奉。在观音山山峰的南坡上，就坐落着广济寺。依山面海的它，依山势而建，分为上、中、下三座寺院——洪福寺（广济上寺）、普庆寺（广济中寺）和洪因寺（广济下寺），分别建于清朝咸丰、乾隆和同治年间，而且各具特色。位于山顶的弘福寺，集殿、房、亭、园于一身，

九子佛屿

与舟山本岛隔海相望的九子佛屿，是一天然象形岩，远远望去，正似观音大士，侧面而看，观音又背一小佛，惟妙惟肖。相传这里是当年观音去普陀山途中，停留小憩的化身。

🔸 岱山寺庙的飞檐

殿中供奉观音立像和十八罗汉；广济寺的活动中心普庆寺，不消说，气势自是宏伟，高9米的大殿之中，供奉着高达6米的观音像，观音三十六化身大理石雕像两旁依次排开，主殿之后，西为地藏殿，东边为千佛殿，千佛殿中，1000多尊汉白玉雕出的佛像，晶莹洁白，栩栩如生，很是美丽罕见；洪因寺虽气魄有减，但深邃有余，而且殿堂分上、下两层，皆为木质结构，非常精致。就在弘福寺的东侧，有一玉佛宝塔亭亭而立，高45米的它，全部用花岗岩砌成，涵纳着200多尊小玉佛。登上宝塔，站在岱山的最高处极目远眺，万顷沧海尽收眼底，心中顿觉澄明无尘。

◀ 玉佛塔

澎湖岛

一首《外婆的澎湖湾》，牵动多少人心中的童年往事；而唱词中的主角，也就是这澎湖列岛中面积最大、人口的最多的岛——澎湖岛了。这个名号可不简单，要知道，澎湖列岛可是由64个岛屿组成的，而且这里地势险要，充当着我国东海和南海的天然分界线。不过，既在海上的险要处，为何偏以一湖命名，而被称为"澎湖"？澎湖可不是湖，它其实是"平湖"的方言版本。没错，就在澎湖岛的西南方向，两个海湾一大一小、安然相依，风平浪静之时，恰似平阔安静的湖面，故有"平湖"之称。

漫漫淳朴

既是名为平湖，也就不难看出澎湖的美了，明镜一般的海湾，单是去照个影儿，便足以让人心神安谧；更何况这里还有著名的"风柜涛声"、"鲸鱼洞"、"望安玄武岩"、"虎井沈城"、"将军屿帆船石"、"花屿仙人脚印"、"桶盘屿石柱"等一众景致。这里还是岩石的天堂，火山喷发的玄武岩，不时在这里展现它健美的"肌理"。不过，澎湖的美妙中，人的力量也是不可或缺的。比如活泼跃动的夜钓、潜水、乘快艇、沙滩排球、星光烤肉；比如入夜之时，海滨上的万点渔火，便是台湾八景之一的"澎湖渔火"；比如台湾最早的妈祖庙，明万历年间的精美的天后宫；比如百年闽南老屋安然伫立的西屿乡二坎村。在这里，没有喧嚣的烟火之气，连精致都沾染着淳朴之气。

晚风轻拂澎湖湾
白浪逐沙滩
没有椰林醉斜阳
只是一片海蓝蓝
……
澎湖湾 澎湖湾 外婆的澎湖湾
有我许多的童年幻想
阳光 沙滩 海浪 仙人掌
还有一位老船长

——《外婆的澎湖湾》歌词

🔻 桶盘屿的玄武岩

最浪漫的海岛——七美岛

澎湖列岛之中，最南端的当属七美岛，这座岛也确实美得名副其实，因为这里拥有著名的"双心石沪"，也就是两颗心相依相偎的景致，这可是七美岛的标志性景观，也被称为全台湾地区最浪漫的地方，无数情侣或新婚燕尔都会来这里，亲身感受自然纯正的两心相依，或者干脆在此举行婚礼，这里俨然变身为浪漫的代言人。不过这双心可不是自然形成的，正如它的名字所言，它是石沪，也就是澎湖渔民传统的人造的捕鱼场所。渔民们先是在近岸的地方堆叠海石，造起圈堤，涨潮的时候，海水便会漫过来，鱼儿也会随之游进石沪，到了退潮的时候，鱼儿可就困在了里面，可不就手到擒来了嘛。原是为了方便，却造就了浪漫，真正是妙手偶得之了。除此之外，这里奇特的山体及海蚀地貌，都为这浪漫平添了几分奇思妙想。

🔻 七美双心石沪

澎湖石沪

海滨景区

　　茫茫东海之滨，舒展倒也罢了，偏是异彩纷呈，你且看那台湾海滨，繁复极致，火焰一般炽烈；洋沙山呢，像四叶草般，悠闲宁静地展示着红礁银滩；象山如同狡黠灵动的小姑娘，古今交融，虚实相映；普陀山则似雪霁之华，云集的僧侣、灵秀的山峦、瑰丽的海天，终究遮不住那澄静无尘的茫茫纯白。

台湾海滨

　　台湾是繁复的，"八景十二胜"，古迹民俗，令人眼花缭乱；它又是炽烈的，舒展的垦丁、喧嚣的野柳、怒放的花莲，连同海滨，烈烈燃开来。

　　宝岛台湾，从来就不是甘于"平庸"的，因此向来不缺美妙奇特的景致。高山和丘陵，占去了它2/3的面积，东部山脉高耸，中部丘陵起伏，西部才算得了些平坦。就在这座岛上，聚集着五大山脉、四大平原、三大盆地，其中纵贯南北的中央山脉，还耸立着我国东部的最高峰——海拔3952米的玉山，真是好不热闹。不仅如此，它还恰好坐落在环太平洋火山地震带上，由此带来的喀斯特和海蚀地貌以及火山群和温泉群，就足以令台湾自傲，更何况还有西岸那平坦的沙滩、温和的浴场，东岸那陡峭的断崖、奇特的岩石。

⬇ 垦丁海滨

↑ 花莲渔港

↑ 花莲海滨

　　这里的景致到底有多少？早在清代的时候，这里就有"八景十二胜"的说法了，指的便是阿里山云海、双潭秋月、玉山积云、清水断崖、澎湖渔火、大屯春色、鲁谷幽峡、安平夕照和草山、新店、大溪、五指山、八卦山、虎头埤、狮头山、太平山、大里筒、旗山及雾社。已经眼花缭乱了？别忙，这里还有众多文物古迹呢，什么赤嵌楼、安平古堡、明延平郡王祠、指南宫凌霄宝殿、云林北港妈祖庙等，不是与荷兰、日本侵略者有关，就是诉说着台湾与大陆的故事。少了轻盈？别急，葱郁的树林之中，无数的动植物怒放着生命；绚烂的花草之上，无数的蝴蝶轻舒曼舞，宛如"蝴蝶王国"。倘若心中还觉不足，这里的高山族足以令你惊异，无论是奔放的甩发舞还是对位的唱法与舞蹈，无论是"成年祭"还是"狩猎祭"大典，九大族群30多万的高山族人，足以令你目眩神迷，浑不知所在。

　　说到台湾最为自然纯美的海滨，非花莲莫属。它的身后，便是巍峨的中央山脉；它的东面，便是浩瀚壮阔的太平洋；它的心中，呵护着那多才多艺的原住民高山族；它的周围，闪烁着无数摇曳的棕榈树；自然的优雅和雄壮，都展露无遗。花莲，正如那浓烈的莲花，于太平洋畔，兀自怒放，光华逼人。

风华似火

台湾有着它炽烈的一面，同时，它的海滨却也不失温润风度，倒是两不相误。要说这里的海滨，首先映入脑海的就是电影《海角七号》的拍摄地——垦丁了。位于台湾最南端的它，其实本是一个村子；一部电影，打破了它的沉寂。也难怪，画面中的碧海蓝天一望无际，沙滩绵延舒展，单是看看，仿佛就能呼吸到舒畅的海滨气息，更何况还有那纯白无瑕的鹅銮鼻灯塔呢。晴空之下，高21米的它兀自而立，颇有孤傲之气。它确实也值得骄傲，照射距离27.2海里的它，是台

⤊ 垦丁海滨

⤊ 鹅銮鼻灯塔

⤋ 野柳地质公园

湾光力最强的灯塔，素有"东亚之光"的美称，这般诗意的守候，令人神为之倾。垦丁的美可不止如此，且看它三面环海北依山峦的徜徉模样，那起伏有致的翠绿山冈；再看看那些成荫的椰树、成群的蝴蝶；潜到水下，赏一赏那绚丽的热带鱼和珊瑚；那常年的落山风，和着涌动的海浪，将垦丁的礁岩一点一点剥蚀，雕刻出海蚀、崩崖等奇特的地貌。就这般，舒缓与峻峭的调子交相奏响，融为一体。

没有电影前来捧场，并不妨碍野柳的绽放。这片地质公园自身不就像一个史诗般的电影吗？这块台湾北海岸的狭长海岬，千百年中默默经受着风与浪的侵袭，化作蕈状石、烛台石、蜂窝石、豆腐石、姜石、壶穴、棋盘石、海蚀洞等地质奇观。全长1700米的它，顷刻间热闹非凡。不过相比之下，候鸟们才是真正的熙熙攘攘呢。作为候鸟们南迁到达台湾的第一站和北返时最后一个可以歇脚的地方，每年3、4、10月份，一众候鸟来此休整，其中不乏白眉巫、黄喉巫、戴胜、绶带鸟、黄眉柳莺、乌灰鹟、黑鹎等稀有鸟类。静默又跃动，两种截然不同的喧嚣，在野柳，就这么奇妙地糅合在了一起。

野柳海蚀——"女王头"

洋沙山

热烈的红岩赤礁、慈祥的母亲岛、磅礴的海上长城、欢悦的银光沙滩，洋沙山便是那四叶草，一片一片，深蕴着诗意。

在宁波市经济开发区春晓园区南面大约2千米的地方，坐落着暗礁相连而成的四座小岛，这便是洋沙山了。作为象山港畔的一颗明珠，洋沙山三面与海水相拥。128公顷的它，正像那象征幸福的四叶草，每片叶子都写满了自然的慷慨。

红岩赤礁

热烈的红色，是洋沙山的基础色调。且看吧，四座小岛的山体都呈现着艳艳的红色，山基部分在海浪不断的冲蚀之下，已经变作暗红色，正好为山体的鲜红添一抹厚重。质地疏松的红岩，在风、浪的交相侵蚀之下，化作了千姿的礁石、百态的洞涧，或傲骨嶙峋，或意趣幽雅，万般风姿，不一而足。

母亲岛

驻足于洋沙山渔民祭海的平台之上，瞭望东海，便可见一小岛，仰"面"朝上，正如年轻母亲坚挺的胸乳，这就是母亲岛了。祭海的位置选在此处，可是感念海洋——这哺育人类的母亲？

海上长城

见识过了八达岭长城的雄浑绵延，可曾想过这长城置于海上是何种气魄？就在洋沙山的两侧，如同双臂一般，千里海堤向海中伸展而去，很是壮观。倘要问这海上长城的

↑ 红岩赤礁

↑ 母亲岛

用处，它也有一点抵御强敌的意思，只是这里的强敌不是兵戈相向，而是怒吼的台风和海啸。不过这混凝土浇筑起来的海堤，在这两位暴君面前只能是略尽人事而已，其实建它真正的目的，是人们向大海的祈求。那么，祈求的是什么呢？正是如今那越发金贵的土地。

银光沙滩

听说过金色的沙滩、银灰的沙滩甚至五彩的沙滩，你可曾见过那银光粼粼的沙滩？而且这银光，并非波浪的颜色，而是那些活蹦乱跳的海鲜。是不是很神奇？疑问就来了：盛产海鲜的地方很多，为什么偏偏这里出现了这种奇特景致？这是因为洋沙山附近的海水并不清澈，里面含着泥沙，沉淀为淤泥之后形成了一片片的滩涂，那些鱼虾蟹贝仿佛置身天堂一般，一时间欢呼雀跃，银光闪闪！

洋沙山观潮节

每年中秋的时候，观潮节在洋沙山如期上演，当地的渔民们欢庆团圆、祈求出海平安，称得上这里每年最热闹的时光。平日这里也少不了欢声笑语，既有滩涂运动，又有大型游乐园，而以"原野烧烤"为代表的海岛烧烤，也早已赢得了人们的青睐，为这四叶草平添了几分亮彩。

⬆ 大堤

⬆ 银光沙滩

象山

东方不老岛，氧气充沛，风格多变，可光怪陆离如红岩崖滩长廊，也可时尚奢侈如松兰山海滨，可古今交融如中国渔村和石浦古城，也可虚实相交如影视城，灵动狡黠如斯，如何不动人心弦？

象山港与三门湾之间，临近浙江省中部的东海上，散布着象山县。之所以称为散布，是因为它陆域面积1383千米，却由象山半岛的东部和沿海的656个岛礁组成，足见其"支离破碎"。不过，海岸线925千米长的它，虽然凝聚力不是很强，却仿佛彼此之间透气更加自由，成了个十足的天然氧吧。也难怪，这里的森林覆盖面积达到了58%，每立方厘米的空气之中，就含有1.47万个负氧离子，每一口空气，都堪称纯正的"绿色"。在这里住上几日，直觉神清气爽，无怪乎象山素有"东方不老岛、海上仙子国"的美誉。

红岩崖滩长廊

倘若将象山比作一位艺术家，其最为杰出的作品，就应该是这海波侵蚀而成的"中国沿海第一崖滩长廊"——红岩崖滩长廊了。这里向来有"地质陈列馆"之称，却也实至名归。但见距今约6700万年的下白垩系朝川组地层，也就是夹杂着火山岩的河湖相碎屑沉积岩，因其复杂的成分呈现出千百样的面孔。放眼望去，红色占去半壁江山，然而又七彩杂陈，海滩之上，好不绚烂，光怪陆离的它，偏又依着那瑰丽的山崖，着实美妙奇特。就在这长廊之中，情侣石、观音壁、四龙入海等30多处景点竞相绽放，红岩崖滩长廊可不正如一垄鲜花，形态各异，花团锦簇？

🔽 红岩崖滩

松兰山海滨旅游度假区

作为天台山的余脉，松兰山自西向东延伸入海，好不豪迈，连着绵延的海滨，在象山县城东南9千米处，构成了国家4A级旅游区——松兰山海滨旅游度假区。山海之间，一条12千米长的观光公路蜿蜒伸展，勾勒出松兰山海滨的曼妙曲线，深蕴着那些岛礁、沙滩、港湾和岬角。山之沉稳，海之灵动，在此完美地融合，而东、南两大沙滩，更是素来"潮来一排雪，潮去一片金"，仿佛那抒情的诗行，舒畅雅致。在松兰山的繁荫之中，还可以野外露营，充分拥抱自然。有意思的是，松兰山既存着明代戚继光抗倭的古城游仙寨和烽火台，古老沧桑；又十分时尚现代，豪华的星级酒店、高贵的高尔夫练习场、刺激的海上游乐园、华丽的夜景灯光无不流转着松兰山海滨旅游度假区的奢侈光华。

⊎ 象山渔村

中国渔村

同样是国家4A级景区的，是象山石浦的中国渔村，这片中国东海岸最大的原生态海滨休闲旅游度假区，非常聪明，主打"渔文化民俗游"和"海滨休闲度假"两张牌。这个景区眼光也高，不是一流的硬件设施可一律入不得它的眼，只见优质的海滨沙滩旁，地中海式的别墅建筑、加勒

象山渔村夜景

↑ 石浦古城

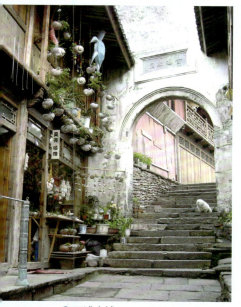

↑ 石浦古城

↑ 象山影视城

比海风格的娱乐区骄傲地沐着阳光、海风，青翠的林木、渔家小船、地道的海鲜小吃又为这孤傲添了几分地气，一切都恰到好处。在这里，还存着一座座古老的渔业作坊；在这里，工人们灵活地编织着渔网，一丝一缕的幸福希冀自他们的指尖绵延开来……

石浦古城

倘若想感受最为质朴的渔家风味，不妨在石浦古城漫步一下。这片已有600多年历史的渔港古城，就坐落在象山县的南部。依山面海的它，面朝我国四大渔港之一的石浦渔港，就着山势而建，居高控港，气势不凡，正是"城在港上，山在城中"的奇特景象。以瓮城为标志，石浦古城分为城里、城外两部分。瓮城建于明代，清朝光绪年间重修，古城墙到现在都保存完好。城内的各个场馆如同拍摄场地，融渔文化、商贾文化、海防文化为一体，足以让人领略曾经的商铺林立、人头攒动的热闹情形。还可以亲手织织渔网，做做渔灯，体会简单的生活方式。因是沿着山峦，这里的街巷一律拾级而上，蜿蜒曲折；老屋也是梯级而建，仿佛湛蓝海边的一个个琴键，颇具风味。古城之中，还有全国唯一一家中国扣陈列区，一个个盘扣，经由古代女孩的纤细手指，幻化成一段段曲折动人的心事，穿行其间，芳韵扑鼻。

象山影视城

饱览了古时和现代的风光，来个虚幻的景致也不错。象山影视城就照着金庸小说《神雕侠侣》，一步步把虚构变作了现实——气势恢弘的襄阳城、冷郁阴森的活死人墓、奇幻迷离的绝情谷等，令人仿佛一步踏入虚境，感受迎面而来的武侠风范。湖光山色相映、亭台楼阁相间的它，不光吸引来了《神雕侠侣》的剧组，《碧血剑》、《鹿鼎记》、《赵氏孤儿》、《新版西游记》等电影电视剧也纷纷来此取景拍摄。在影视城里，参加个明星见面会，客串个县衙审案，倒也颇为有趣。

普陀山

海陆交响，奏出圣迹金沙；日月流转，绘就瑰丽海天。云集的僧侣，繁茂的林木，秀丽的山峰，灵幽的古洞，人间第一清净地——普陀山！

⚫ 普陀观音像

海天佛国

四面环海，山海相映的普陀山，虽只是舟山群岛1339个岛屿中的一个小岛，面积也就13平方千米，却称得上是"人间第一清净地"。为何？与其他岛屿不同，普陀山有着独特的信仰，莫不是它的标志——南海观音大铜像？没错，这里就是观世音菩萨教化众生的道场，如今的汉传佛教中心。在普陀山，"人人阿弥陀，户户观世音"。清朝末年的时候，这里就已经汇集了3座大寺（普济禅寺、法雨禅寺、慧济禅寺）、88座禅院、128个茅棚，数千名僧侣云集于此，更有无数的朝拜者涌入，正是"山当曲处皆藏寺，路欲穷时又逢僧"的盛景；待到佛事之时，四方信众聚缘于此，场面更是浩大恢弘。普陀山浓郁的佛教文化气质，为它赢得了"海天佛国"、"南海圣境"的美誉，也使它成为国家5A级旅游风景区，与山西五台山、四川峨眉山、安徽九华山并称中国佛教四大名山。

这清净地可是实在美不胜收呢，岩壑林木交织，梵音涛声相合。"普陀十二景"，或是险峻，或是奇幽，

⚫ 海天佛国

⚫ 大雄宝殿

或是舒展，或是跌宕，正似这佛国中的诵经之声，时疾时徐，涤荡尘嚣。既是清净之地，自然少不了生机勃勃的动植物。普陀山80%的地方都被浓荫覆盖，连树木都沾染了岁月的古朴，1221株百年以上的树木静默伫立，千年古樟述说着普陀山的悠悠岁月，而那普陀鹅耳枥更是世界上的独一份儿，是珍稀濒危国家一级保护植物。林木之间，野生动物欢呼雀跃，单是国家二级以上动物就有30多种，为这清净古韵平添了几分可爱的生气。

短姑圣迹

就在佛国山门的东南300米的地方，许多大小不一的石子自相依附，组成了一百来米长、十几米宽的天然船埠，船到了这里其实还是靠不了岸，得靠小舢板摆渡。别看它表面上不起眼，在普陀山客运码头建造之前，短姑道头可是来普陀山的唯一登岸地点。时至今日，它的地位虽然有所下降，但是魅力丝毫未减。从此处上岸之后，步行而上，直至慧济寺的香云路，这条蜿蜒山路的旁边，"入三摩地"等石刻题字赫然可见，这可是出自明代书法家董其昌的大笔，很是雄浑，配上三摩地心无旁骛、平静安详的寓意，着实令人慨叹冥思。

⬆ 入三摩地

短姑道头

↑ 南天门

南天门

普陀山的南山上，巨石林立，其中有两块大石，正如大门一般，故而称为南天门。它并不位于本岛之上，而是一水相隔，通过环龙桥连通。别看称它为门，它自个儿也是别有洞天。那耸立的群岩、浩渺的碧波、清丽的水潭，以及苍劲的摩崖石刻，哪个不是钟灵毓秀？据说这里是八仙过海的地方。在此丽景之中，怀想缥缈神话，实在是个放空心思的好去处。

朝阳涌日

上下邻着八宝岭的象岩和兔岩，左右分别挽着百步沙和千步沙的，便是那幽邃窈冥的朝阳洞了。这洞口恰好面朝东方，天气晴好的时候，在这里观看日出，但见旭日"巨若车轮、赤若丹砂，忽从海底涌起，赭光万道，散射海水，千鲜相增，光耀心目"（明·屠隆·《普陀洛迦山记》），其瑰丽壮阔，令人顿觉乾坤之广，非我辈所能参透。这朝阳洞有的可不只是光景，在这里听听潮音，浪涛声不绝于耳，颇富趣味。

磐陀夕照

朝阳固然壮阔，但若论沉静，却实在不及夕阳西下之美景。普陀山上，看夕阳最好的去处，便是磐陀石了。它由两块巨石上下累叠而成，下面的巨石底宽上尖，凸起的地方恰好托住上面的巨石，称为磐；上面的巨石呢，刚好相反，底尖上平，称为陀。有趣的是，两块巨石相接的地方，漏有一条线般的间隙，似接未接的样子，正好似那陀空悬在磐之上呢。不过，磐陀夕照的主角并不在这磐陀，而是登临石顶，所眺望到的夕照。夕阳西下之时，海天化为融融的金色，其雄浑之势，难以言表。

⇑ 磐陀夕照

莲池夜月

看过了雄浑的日升日落，品一品清丽的月色如何？普济寺山门前的海印池，原本是佛家信徒放生的池塘，后来种满了莲花，焕然一新，成了"莲花池"。这片15亩的池塘始建于明代，三面环山，四周为古樟环绕；池中的水，便是山泉汇聚而成，清莹透彻，波光之上，荷花袅袅婷婷，三座石桥安然横卧，映上不远处的古刹和亭台，美妙怡人。于这圣洁、清净的莲花池旁，观那似水一般的沁人月光，"出淤泥而不染，濯清涟而不妖"之句不觉涌入脑海，而自己也不禁沾染了几分清灵之气。

⇑ 海印池

千步金沙

普陀山并不广阔，但那金色如茵般铺展开来的千步金沙，足以令人心旷神怡。行走于沙滩之上，丝毫没有陷落之感，仿佛是上天铺就的锦席一般；浪潮一波波袭来，如同在逗弄沙滩一般，化作万条白练牵之绊之，而或大风涌起，浪花如雪，多了几分严肃神气。奇的是，这里的海浪不分昼夜，涛声不止不息，恢弘雄壮，一似那奔腾的野马，势不可当。

⇑ 千步金沙

光熙雪霁

光熙峰耸立于佛顶山东南，正如绽开的莲花。等到大雪过后，登上佛顶山，俯瞰光熙峰，海与云似冻住了一般，庄重肃穆，银装素裹的山峰，再也不分彼此，融为一片苍茫的白色，不正如那大彻大悟之后的空白、那不惹尘埃的佛国净土吗？可惜的是，如此美景却不容易见到，因为普陀山是难得下雪的，但为其稀少，才愈显珍贵，倒真像那佛门大德，安静地等着有缘人前来相会呢！

茶山凤雾

赏过了春景、雪华，再来看一看氤氲的轻雾。佛顶山之后，隐着一座茶山，自北向西伸展，时不时有溪涧出现。每逢日出之前，总有凤雾轻笼茶树，仿佛是这些茶树甜美的梦乡呢，如丝如缕，如画如诗，置身其中，颇有羽化登仙之感。这些茶树的主人，自然是住在这里的僧人。采摘的季节一到，众僧齐齐出动，"山山争说采香芽，拨雾穿云去路赊"（明·李桐诗句），着实给这缥缈仙境添了几分烟火气，人头攒动，好不热闹。这茶既然是生长在云雾之间，自然也就成了"云雾佛茶"，孤绝清净之气，令人神往。

 采摘佛茶

↑ 普陀佛茶文化

古洞潮声

想倾听撼人心魄的潮声的话，潮音洞是不二之选。它大半浸在海水之中，崖至洞底深10余米，而整个古洞纵深可达30米，洞底便通着那苍茫海洋，洞顶有两处缝隙，被人们称为天窗。试想一下，每当潮水涌入，那声势正如雷鸣，倘若遇上大风大浪，调皮的浪花可以一跃冲到天窗之上，恰好阳光灿烂的话，洞中便会出现七彩霓虹，如梦如幻。据史料记载，宋元时期，香客来到普陀山，大多在潮音洞前叩拜，祈求菩萨现身赐福；常常有人纵身跳下山崖，舍身离世。此等浪费生命、损害公共场所的行为自然引起世人不满，于是当时的定海县令缨燧就在岸上建了亭子，亲自立碑题写《舍身戒》以禁舍身。想想也是，此等佳境妙音，活着多听一听、多看一看，已然是极乐之事，不是吗？

↑ 禁舍身碑

天门清梵

宋元之后，来普陀山的香客祈求观音显灵的地点，逐渐转移到了普陀山最东端的梵音洞。这个天然洞窟高100米，两边的悬崖恰好成门，刀削斧劈，峻峭磅礴，其他洞穴难以望其项背。从崖顶沿石阶蜿蜒而下，可以看到两个陡壁之间架有一个石台，上面筑着双层佛龛，称为"观佛阁"。据说在这里观佛，每个人看到的不尽相同，非常奇异。这梵音洞堪称是潮音洞的姊妹了，不仅与观音渊源颇深，而且在这里也可观海听涛，但闻龙吟虎啸，日夜不息，动人心魄。法华经普门品的偈语曰 "梵音海潮音，胜彼世间音"，正合此景。不过，这个妹妹俨然已有超越姐姐的势头了，单是抬头看看吧，那"梵音洞"的匾额，可是清康熙三十八年（1699）皇帝的御书呢。

↑ 梵音洞

↓ 潮音洞

保护区与公园

　　贝藻的王国，南麂列岛慷慨地养育着候鸟与水仙；火山岩柱、流纹台地，临海国家地质公园波诡云谲；海上明珠大陈岛森林公园，内蕴苍郁森林、奇峰异石、人文遗迹；深沪湾海底古森林遗迹自然保护区中，海底古森林、牡蛎礁和海蚀变质岩徜徉自得。奇石、林木、候鸟、古迹，便是东海上那保护区与公园的主题曲，好个蓬勃劲头！

⬇ 南麂列岛

南麂列岛海洋自然保护区

这里既是贝藻的王国，又守护着来往的候鸟、清丽的水仙，南麂列岛，博爱的心怀，兀自洋溢。

贝藻王国

浙江温州平阳县鳌江口外30海里的海域上，散布着52个珠玉一般的岛屿，构成了南麂列岛。这列岛的名字源自它最大的岛屿——南麂岛。7.64平方千米的它，形貌酷似鹿而得到此名。区域总面积200平方千米的南麂列岛，名列我国首批5个海洋类型的自然保护区，更是我国唯一的国家级贝藻类海洋自然保护区。是什么让它获此殊荣呢？原来这里的海洋生物资源非常丰富，单是鱼类就有397种，不过这里最为引人注目的，却是那开合随意、舒展自如的贝类和藻类。403种贝类、174种藻类徜徉在南麂的海水之中，分别约为我国海洋贝、藻类总数的20%，正是地方不大、气势不小，无怪乎素有"贝藻王国"的美誉了。1990年国家级海洋类型自然保护区设立以来，贝藻类受到了更多的关注和呵护。

心存博爱

倘若以为南麂只是呵护熙攘的贝藻，那可就小看它的心怀了。正如它的近邻海洋一般，南麂列岛向来包容博爱，除了声势浩大的贝藻类以外，这里还是海洋鸟类栖息的地方，也是它们越冬繁衍后代的场所，单是记录之中，就有40多种鸟类不时群集于此，其中不乏黑尾鸥、白鹭等国家级保护鸟类。每到夏秋季节，候鸟成群结队地来到这里，或翔于天际，或栖于岩礁，动静皆宜，再配上欢快的啼叫，可不是一曲恢弘的《欢乐颂》吗？南麂政府也十分喜爱这些宝贝，特意立下了"三不准"的禁令：不准上岛取蛋，不准持枪猎鸟，不准破坏生

↑ 南麂列岛风光

↑ 南麂列岛

猴子拜观音

↑ 南麂列岛海岛

物生态环境。这里的鸟儿，凭着这个"免死金牌"，愈发生机盎然。

除了活泼的候鸟之外，南麂列岛的竹屿和大擂岛还盛产水仙花。向来娇贵挑剔的水仙花，却在此处烈烈生长起来，范围之广，密度之高，香气之浓，体态之美，既让人惊艳，又具有科研价值。曾几何时，这些水仙花在野外自由地绽放，不为外人所知，待到南麂列岛游人增多，有些人私心顿起，将野水仙挖走，据为己有，野水仙因之遭了番毁坏，所以对它的保护也提上了日程。

就在2004年，经过国家海洋局的批准，保护区的职责得到扩展，从以往单一的贝藻类保护，扩展到海洋性鸟类、野生水仙花以及名贵海洋鱼类等多种物种的保护。南麂列岛博爱的心怀，继1999年被联合国教科文组织列为世界生物圈保护区网络之后，终于得到了我国认可，自此愈发安宁悠然，逐渐成为海洋生物"南种北移，北种南移"的资源库，在海洋生态方面的研究价值也日渐凸显。

临海国家地质公园

临海国家地质公园之中，火山岩柱巍峨耸立、流纹台地气象万千；更有那绿野田田，古城悠悠，千万载的岁月，融汇于它，自此触手可及。

火山遗迹

浙江省临海市东面59千米处的滨海地带上，一众火山地质遗迹耸立其间，但见火山岩柱雄伟恢弘，流纹台地姿态万千，可不正是一座名副其实的地质公园吗。要说这公园当初是怎么形成的，就得追溯到大约9500万~6500万年间的晚白垩世了。那时，火山喷涌，酸性的岩浆喷发溢流，火山屑岩喷发堆积、侵入——喷发岩系地貌就此形成。不要以为一切就此定型了，处在浙东沿海中生代晚期

⬇ 临海国家地质公园

临海国家地质公园的化石

历史悠久，地壳活动活跃，临海国家地质公园出现化石也就不足为奇了。就在上盘岙里的火山喷发间歇期间沉凝灰岩中，发现了6具保存完整的翼龙化石，经过鉴定，属于无齿翼龙科。它们喙极长，没有牙齿，尾巴很短，联合脊椎倒是已经成型，别看样子稍显笨拙，它们在岩石之中，可是已经生活了7600万~8300万年。作为历史亲历者，这些化石对于白垩纪晚期古生物学、古生态学和火山灾变对生物影响等方面的研究无疑意义重大。

⬆ 临海国家地质公园　　⬆ 火山下的江南　　⬆ 大堪头石柱林

　　火山喷发带上的临海国家地质公园，在漫漫历史长河之中，从未停止自己"运动"的步伐，恰好那风与浪也是"运动迷"，三者的力量交汇，造就了这鬼斧神工的奇观，而这奇观之中，尤以大堪头火山和白岩山火山这两个中生代火山为最。

　　便说那大堪头火山吧，2平方千米的火山口中，晚期酸性熔岩（流纹质碎斑熔岩）侵入，脱离了地球温暖的怀抱，迅速冷却结晶收缩之后，松垮的形态荡然无存，1500万根石柱脱颖而出，你且看，它们或是五边形，或是六边形，倒像是出自某位几何学家之手，一个个垂直延伸300~500米，气势不凡，而且它们就像守护火山的士兵一般，井然有序，层层叠叠，蔚为壮观。那酸性熔岩当年的流动、喷溢也留下了自己独特的痕迹。但见那流纹或粗或细，或水平或直立，凹凸有致，正是流动的岩石之歌。火山口外也是别有洞天，什么万柱峰、千柱崖、栅栏壁、巨人道、珊瑚岩，如石林一般，而那时而飞溅的瀑布流泉，为这"严阵以待"平添几分灵动。不仅如此，火山通道组成的塔状岩峰(构成桃渚天然三巨塔)，从不同的角度看，忽而成塔，忽而如城堡，忽而又成了屏障一般，很是有趣，这座高出周围山峦150~200米的绝壁，本就鹤立鸡群，而况顶部平坦，正是观赏日出和雾海的绝佳去处。正像我们之前说的，火山地质奇观是内外合力的结果，于是地质构造的抬升、风化剥蚀、海水侵蚀，全都融合在了大堪头火山雄壮的山峰石柱、繁复的海蚀洞穴之中。可以说，这里的每一块岩石，都哼唱着千万年的悠悠岁月之歌。

　　白岩山火山与之类似，同样是火山口溢出的酸性熔岩流形成的流纹岩台地。其实，它原本是结结实实的岩石，长城一般耸立于群山之间；但几千万年的风化海蚀，使得这里崩塌的崩塌，碎裂的碎裂，反倒成了岩峰丛地貌，较之原来倒是多了几分繁复精致，只是岁月洪流的惨烈，又有谁能听得到？

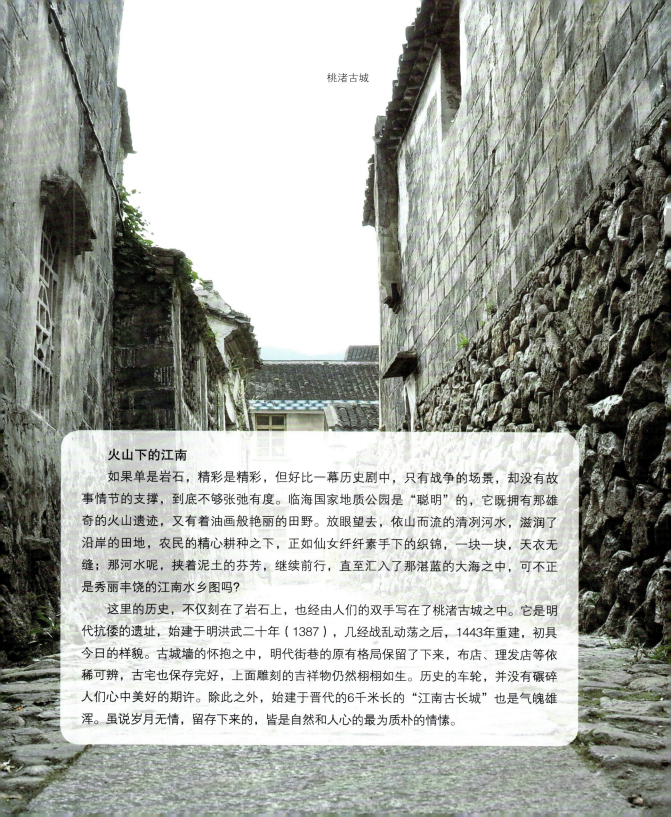

火山下的江南

如果单是岩石，精彩是精彩，但好比一幕历史剧中，只有战争的场景，却没有故事情节的支撑，到底不够张弛有度。临海国家地质公园是"聪明"的，它既拥有那雄奇的火山遗迹，又有着油画般艳丽的田野。放眼望去，依山而流的清冽河水，滋润了沿岸的田地，农民的精心耕种之下，正如仙女纤纤素手下的织锦，一块一块，天衣无缝；那河水呢，挟着泥土的芬芳，继续前行，直至汇入了那湛蓝的大海之中，可不正是秀丽丰饶的江南水乡图吗？

这里的历史，不仅刻在了岩石上，也经由人们的双手写在了桃渚古城之中。它是明代抗倭的遗址，始建于明洪武二十年（1387），几经战乱动荡之后，1443年重建，初具今日的样貌。古城墙的怀抱之中，明代街巷的原有格局保留了下来，布店、理发店等依稀可辨，古宅也保存完好，上面雕刻的吉祥物仍然栩栩如生。历史的车轮，并没有碾碎人们心中美好的期许。除此之外，始建于晋代的6千米长的"江南古长城"也是气魄雄浑。虽说岁月无情，留存下来的，皆是自然和人心的最为质朴的情愫。

大陈岛森林公园

植物繁多、渔产丰饶的大陈岛森林公园，是那东海上的明珠，那千姿百态的奇峰异石，那鳞次栉比的集镇、文化军事的遗迹，便是这明珠的光华——含而不露，韵味别具。

东海明珠

舟山群岛和南麂列岛之间，台州湾东南的台州列岛中南部，"镶嵌"着大名鼎鼎的东海明珠——大陈岛。既然是大陈岛森林公园，森林自然是这里的主角了。没错，在丘陵为主的大陈岛上，61%的土地上覆盖着浓浓的绿荫。这里的植物有着明显的亚热带和热带倾向，单是维管束植物就有584种，其中野生的有466种，其余118种均是引进来的，占浙江省海岛植物总种类的14.6%，它们隶属于125科388属，又占去了浙江省海岛植物植物总科、属的42.8%、28.3%。设想一下，这么个十几平方千米的地方，居然汇聚着如此多样的植物，可不是海岛资源宝库吗？何况这绿荫深处，还时常出没穿山甲、兔、羊、蛇类、鸟类、蛙类等野生动物。

要说大陈岛是宝库，这里的渔业资源就不能不提。这片岛屿周边的海域，可是浙江的第二大渔场。也难怪，它正好处于沿海低盐水系和外海高盐水系交汇的地方，浮游植物自然十分密集。巧的是，这里的海底十分平坦，群鱼正好在此索饵洄游、繁衍生长。且看吧，鱼汛期一到，带鱼、黄鱼、墨鱼、鲳鱼、石斑鱼、海蜇、梭子蟹，以及各种虾全都云集于此。水里热闹，海边的岩礁也不闲着，各种贝壳遍布其上，俯拾即得；再抬眼望望那成群的海鸥、白鹭等海鸟，好个惬意舒爽。渔民们自然是不失时机地赶来，于是海岛的四周千帆云集、桅樯如林，好不壮观。夜幕降临，渔火初上，正如天上的繁星，美妙得难以言喻。

↑ 大陈岛

↑ 大陈岛沙滩

↑ 大陈岛渔场

大陈岛海水养殖

奇峰怪石

大陈岛上的甲午岩，素有"东海第一盆景"之称，可是因为这里树木葱郁？答案自然是否。其实大陈岛的魅力，不光在动植物，还有那些静默但夺目的奇峰怪石。在风浪和生物的双重"破坏"之下，这里形成了奇特的海蚀和海积景观，甲午岩便是最为醒目的一景，称为旗峰映日，但见两片35米高的礁石拔海而起，正如凌波而屹立不倒的旗杆一般，浪花袭来，声如响雷，动人心魄，无怪乎被称作"东海第一盆景"了。其实大陈岛除了西侧多滩涂之外，东、南、北侧都是海蚀崖、海蚀平台、海蚀洞和砾石滩的天下，其中羽沙浴场、屏风山、望夫礁、浪通门、高梨头观音洞等景观，单是听听名字，便足以令人浮想联翩。

人之行迹

哪里有佳境，哪里就少不了人类的踪影，大陈岛森林公园也不例外。于是乎，有了那依山傍海、垒石为居的宁静渔村，众多集镇建筑顺着山势而建，鳞次栉比，弥漫之势令人咋舌。这里不光有渔村，其实这里还是解放战争期间，国民党军队撤离大陆的地点，那些没来得及毁坏的军事设施，变成了战争遗址，供人怀想。不过，要论年月还是比不上避风港屯兵遗址、航海遗址以及浪通门的石器时代遗物、风门古堡等古文化遗址。除了这些遗址之外，大陈岛也不乏渔师庙、天后宫、关帝庙等寺庙景观。

奇峰怪石

深沪湾海底古森林遗迹

海底古森林、古牡蛎礁、海蚀变质岩，正如深沪湾的三个孩童，精心照看之下，安然徜徉。

深沪湾海底古森林遗迹自然保护区坐落于福建省晋江市深沪湾中，总面积31平方千米，海域占去22万平方千米。海，是保护区中的主旋律。此处1986年进入世人视野，1990年建立县级保护区，1992年一跃成为国家级海洋自然保护区，2004年更是成为国家地质公园。荣誉加身，它并未飘飘然，仍以保护海底古森林、牡蛎礁和海蚀变质岩等地质景观为己任，正如坚守古书的老翁，兢兢业业，不慕浮华。

海底古木

自然保护区虽多，深沪湾海底古森林遗迹在我国却独一无二。在这片独特的保护区中，已见证7800多年苍茫岁月的油杉树林遗迹，安然隐退，埋藏于潮间带中，仿佛深藏的美丽秘密。水深2~3米的潮间带，如同扇叶，三片分布。66棵古树已被发现，最大的树桩直径达1米，双臂才能合抱；最小的则为30厘米，正是老老少少，齐聚一堂。这些古树并非全然出水，而是犹抱碧波半遮面，出水高1~30厘米，时有沙子安家其上，愈发隐逸。那古树的样貌究竟如何？据地震仪测定，海水之下，古树桩可能长20~25米，可谓参天之材，而且风波夹击之中，仍是直立挺拔、从未屈服。这里的海底古森林遗迹主要现身于距海岸100~200米土地

深沪湾

寮一带低潮区的潮滩上，退潮之时，约1平方千米的古森林遗迹浮出水面，呼吸着新鲜岁月的清新空气。这些罕见的"古树化石"，都呈黄褐色，树皮黑褐色，在沙滩上集中排列，并不工整规则，但其科研价值却十分巨大。古森林遗迹并非了无生命，正是它们的存在，才有了今日的生动独特。

↑ 露出水面的古木

古牡蛎礁

古森林中区南边约100米的地方，大大小小的牡蛎壳彼此胶结，经历了数万年的岁月，始成今日之古牡蛎礁。耗尽心血的它，大约长500米、宽300米、厚20~40厘米，如今的显山露水，却是数万年的静默累积。从壳体分析，古牡蛎礁以长牡蛎、僧帽牡蛎和近江牡蛎为主，它们直接附着于基岩上，因而如今仍可见原生直立之态，双瓣亦是完整无损，如同飞越万载的双翼。其实，无论是古森林还是古牡蛎礁，都是地质变迁的见证者，它们对于研究台湾地质构造、海平面升降、古生态环境，特别是"晚更新世—140米海平面"理论等价值不俗。

↑ 古牡蛎礁

海蚀变质岩

漫长的历史长河，赠予深沪湾的不只是古森林和牡蛎礁，这里最不起眼的岩石也大有来头。海蚀红土陵岩、卵石海滩岩和现代堆积中的细沙丘，一个个可都是身经百战。这些出露良好的海蚀变质岩，尤其是石圳海岸区域的变质岩，将古生代、中生代、新生代的历史演变活生生地呈现在人们眼前，演变过程中所经受的复杂的动力、热力变质作用也深藏其间，正是研究太平洋地质板块运

↑ 海蚀变质岩

动以及古代海洋、地理、气候、植物的好资料。这些岩石也一直没闲着，在海浪、风沙的长期雕琢之下，已经化身为浪蚀穴、风蚀壁龛、风动石、象形石等多姿多彩的海岸地貌，正是科教、养眼两不误。

沙滩古迹

深沪湾不仅是个自然保护区，还是个名副其实的旅游胜地。也难怪，三面临海、海岸线婀娜多姿的它，滨海旅游资源自是丰富，其中单是沙滩就有围头沙滩、洋下沙滩、溜江沙滩、石圳沙滩和深沪衙口沙滩这许多个，而且无一不是沙白坡缓，也没有任何有害生物，完全符合国际海滨浴场的标准。更何况这里还有许多名胜古迹呢，"施琅博物馆"、"深林寺"、"镇海官"等不一而足，令人在消闲之余，感受历史的厚重。

海底古森林的"年龄"

据中国科学院华南植物研究所、华南农业大学和福建师范大学地理所等多家单位鉴定，这些海底古森林遗迹以裸子植物油杉为主，夹有皂荚树、桑树、南亚松等多个属种。据多个品种^{14}C测定，其年龄在距今6761±193年至距今7620±130年之间。

霓彩东海

NEON-LIGHTED
EAST CHINA SEA

03

繁荣的城市与港口，霓虹流转，
恰似海幕之中的点点繁星，
映着那潋滟海波，
闪烁跃动，流光溢彩。

城　市

丰饶的东海，养育着熙攘的人们，这些人从无到有，创造了霓虹流转的一众城市。花团锦簇的上海，四香袭人的宁波，活力充沛的温州，枝繁叶茂的福州，文艺温馨的厦门，繁华悠然的高雄，万船穿梭的基隆，一个一个，无不馥郁芬芳，为这东海，佩上了缤纷的花环。

上海

时尚又自然，摩天大楼、森林公园，遥相呼应；崇尚奢华，又内涵神韵，"十里洋场"、文化古迹相映生辉；上海，正如绚丽辉煌的团花，"海派文化"芳香馥郁。

"十里洋场"

一提起上海，映入脑海的总是那灯火辉煌的"十里洋场"。那里人头攒动，车水马龙。事实上，上海也确是如此。这座城市的经济能量是无限的，它是仅次于芝加哥的全球第二大期货交易中心，是全球最大的黄金现货交易中心，是全球第二大钻石现货交易中心，也是全球三大有色金属定价中心之一，中心，上海几乎囊括所有的金融市融交易所、中国外汇交易中心、"奢华"程度可见一斑。作为中国大陆第一金融场要素：上海证券交易所、期货交易所、中国金中国人民银行上海总部、各大银行、银行间债券

上海

市场等，如同一丛丛盛开的曼珠沙华，将上海的金融市场染得荼蘼。既然拥有如此轰轰烈烈的金融市场，也就不难想象它的全球竞争力了。就在2010年社科院发布的《全球城市竞争力报告》中，上海仅次于香港，同台北一道，名列全球城市竞争力前50强。经济的繁荣炽烈，必然吸引来汹涌的人群，进而催生入云的摩天大楼，上海也不例外。在2011年全球摩天城市排行之中，上海仅次于香港、纽约，位居全球第三。

　　拥挤的人群、高耸的建筑无不彰显着上海的包容，行走于上海的街道中，总会惊讶于外国人数量之多。没错，上海大肚能容，是一个高度国际化的城市，这里每年接待的外籍游客在内地名列榜首，旅游外汇收入也在全国各大城市中高居首位。饶是如此，上海对于国际旅游城市的建设始终未曾懈怠，越来越多的双层观光巴士穿行于街道上，鲜红的颜色彰显着上海的活力。2015年，上海迪斯尼乐园即将开张，到了那时，国际范儿的上海想必愈发迷人。

　　上海虽然繁华，但不要就此以为它肤浅。相反，它的历史是十分悠久的，早在2000多年前的春秋战国时期，最早的城市"申城"便已落成；几经搬迁之后，其三国时期在佘山附近安定下来，更名为"华亭"，唐朝的时候升级为县，它北部的上海镇也逐渐发展起来。元朝的时候，日益壮大的上海镇也化身为县，与华亭成为双子城，两两相望。一切在鸦片战争之后有了翻天覆地的变化。鸦片战争之后，1842年英帝国主义强迫清政府签订了《南京条约》，上海沦落为5个通商口岸之一，而后美、法帝国主义也乘虚而入，陆续在上海强行开辟租界，一时之间上海成了"冒险家的乐园"，惨遭各方掠夺。但正如人生一样，苦难往往能够转化为宝贵的财富，上海也是如此。自由贸易港的身份使上海的民族产业迅速得到发展。开埠之后的上海，迅速成为亚洲最为繁华的国际化大都市，"十里洋场"、"东方巴黎"、"远东第一都市"等美称也纷至沓来。

海派文化

开埠之后，欧美人的涌入，与江南传统文化吴文化相互融合，形成了独具一格的"海派文化"。上海这座国家历史文化名城，在1949年以前，堪称纸醉金迷的最佳代言人。素有"上海外滩海关大厦远东第一乐府"美誉的"百乐门"，当时中国最负盛名的娱乐中心"大世界"，亚洲首部有声电影的放映地"大光明电影院"，当时世界音质最好的四座音乐厅之一"上海音乐厅"，雄踞亚洲第一高楼宝座数十年的"国际饭店"，远东第一奢华酒店"和平饭店"等顶级酒店和娱乐场所齐聚上海，其富贵风流难以尽述。如今的上海，坐拥许多文物保护单位和4座上海市级历史文化名镇，还有各种全国一流的文化设施，如上海大剧院、上海博物馆、上海图书馆等，艺术节、电影节等文化活动亦是层出不穷。西方与东方相交，传统与现代相合，正如精细的工笔画，渗入了浓烈的油画笔触，这便是上海特有的"海派文化"了。

⬆ 上海大世界今景　⬆ 旧上海大世界

锦绣风情

上海，正如一位妙龄女郎，容颜姣好，华服锦绣，一颦一笑，掩不住的婉转风情。她时尚，东方明珠电视塔、世博会中国馆、上海国际金融中心、上海欢乐谷，个个国际范儿十足，显耀着现代的辉煌；她自然，佘山国家森林公园、东滩世界地质公园、上海野生动物园、上海植物园、上海世纪公园、奉贤碧海金沙海滩无不舒展凝碧，呈现着自然的纯美；她醉心于奢华，和平饭店、汇中饭店、百乐门、国际饭店、大世界、南京路，一律精致美妙，散发着钻石般的光芒。与此同时，她内涵神韵，豫园、枫泾古镇、朱家角镇、老城隍庙、静安寺、鲁迅故居、刘海粟美术馆、陶行知纪念馆、周恩来故居、徐家汇大教堂，显示出文化的积淀。倘若非要说出上海最美的地方，下面的八大景致必不可少。

外滩晨钟

　　风华绝代的上海外滩，现在愈发灯火辉煌了。上海市政府对外滩滨江地区的改造，既完整地保留了外滩的原有风貌，又巧妙地利用防汛墙建造了观光平台，而后上海市人民英雄纪念塔、外滩历史纪念馆、陈毅广场、音乐喷泉也接踵而至，夜幕降临之时，全景式建筑景观灯光一同亮起，宛若梦想被瞬间点亮，非常梦幻，许多人对外滩的印象，就此停留在了这一点上。实际上，起个大早，踏过那形态奇特的外白渡桥，信步走上外滩，此时的外滩之上，皆是打太极的、跑步的、放风筝的，每个人的脸上都充满了笑容，洋溢着幸福。对岸的东方明珠塔，在氤氲的晨雾之中风姿绰约，怡然之间，耳边传来外滩晨钟那抑扬顿挫、浑厚悠然的钟声，似穿越了时空涌至耳边，才真觉得是风情万种！

⬆ 外滩晨钟

豫园雅韵

　　离外滩不远的地方，便是上海老城厢的发源地豫园。这座闹市之中的江南园林层层相嵌，树木蓊郁，幽静灵动，漫步其中，但见古树参天、绿水悠悠、游鱼欢悦、回廊繁复、门户精巧、曲径通幽，更有那龙墙栩栩如生、威风凛凛，豫园之雅致大气着实令人赞叹。幽静如它，偏偏有着爱闹的邻居——豫园商城、城隍庙、上海老街等齐集此处，民俗工艺、各色小吃琳琅满目。节庆之时，庙会也前来扎堆。奇特的是，这两种看似冲突的组合，却偏偏别有趣味。这是为何？因为这些热闹的邻居，个个都是中国传统建筑，红色、黑色相间分布，檐角飞扬，风骨自如。豫园之雅致，偏是因着这炽烈，越发沉静起来。

⬆ 豫园雅韵

↑ 东方明珠夜景

↑ 流光溢彩南京路

↑ 摩天览胜

摩天览胜

与外滩隔着黄浦江相望的，便是东方明珠电视塔、金茂大厦和环球金融中心这些摩天大楼了。登上它们任意一个，尤其是东方明珠，上海市景便尽收眼底：日光之下，高楼鳞次栉比、错落有致；夜色之中，整个上海灯火辉映，车水马龙勾勒出一道道霓虹，更添几分辉煌。这片陆家嘴区域，还安居着上海海洋水族馆、上海大自然野生昆虫馆等景点，愈发引人入胜。

旧里新辉

石库门是个很有意思的地方，它既拥有中共一大会址，又环抱着上海时尚新坐标新天地，正是理想与现实的交相辉映。在这里怀想一下曾经的峥嵘岁月、新中国的艰难步履，忍不住感慨：理想，倘若能够矢志不渝地坚持，是可以无坚不摧的。

十里霓虹

不消说，这便是十里南京路了。作为上海最具代表性的马路之一，南京路东起外滩、西至延安路，路两旁店铺林立，雄浑的永安百货，清俊的东亚饭店、奢华的老凤祥银楼，华灯初上，一片七彩霓虹，如烟花一般，烈烈绽放，岂是流光溢彩四字可以形容？

枫泾寻画

小桥流水的枫泾古镇，白墙青瓦，小船悠悠，仿佛是被时光遗忘的角落。清秀的水韵，

滋养了灵秀的人。来到这里，感受岁月的静谧光华，体味画作的沉静意味，正是如诗如画的胜景。

淀湖环秀

一片淀山湖，波光浩渺，碧水青山，本就清雅，四周恰又环着朱家角古镇、陈云故居、东方绿舟、太阳岛旅游度假区等一众景致，大有众星拱月之趣。借着这点点星辉，淀山湖越发秀美嫣然。

佘山拾翠

佘山景区层峦耸翠、秀美明丽，盎然的绿意，仿佛自名家笔下流出，晕染了整片佘山。翠意之上，佘山圣母大殿巍然耸峙，如今已是佘山的标志性建筑了。佘山之上，始建于清朝光绪二十四年（1898）的佘山天文台，是中国建造最早、规模最大的天文台。叠翠之中，深藏的不是小小房屋，而是这般雄伟建筑，佘山的宏伟气魄可见一斑。

◇ 佘山圣母大殿

宁波

四香馥郁

米香、鱼香、书墨香，香香袭人。宁波的潋滟水韵，捧出了诗境，也载起了港口。海定则波宁，宁波一帮，赤子心拳拳。未见其城，先得其香。没错，宁波自古便以"四香"名扬天下，它们便是那米香、鱼香、书香和墨香，7000多年历史的河姆渡遗址中，便出现了稻米的身影，经过沧桑岁月的沉淀，米香袭人自是不在话下。

宁波9758平方千米的海域之中，杭州湾、北仑港和象山港齐聚一堂，它们又有着钱塘江、甬江及众多溪水河流作后盾，所以这里蕴含大量的泥沙和营养物质，咸淡水交融，为海洋生物的繁殖提供了丰富的养料，丰富的渔业资源自是不在话下，黄鱼、带鱼、墨鱼、石斑鱼、香鱼、梭子蟹、海虾、牡蛎、泥螺、海蜇等各类海鲜一应俱全。在这里大快朵颐之余，若想带一点海味回家，宁波还会捧出鱼翅、海参、黄鱼鲞、酒醉泥螺、虾干、鲍鱼、虾皮、海蜇、海带等海产品，琳琅满目、鱼香四溢。

说到那书墨之香，更是沁人心脾。宁波历来有很深的藏书渊源，涌现过一大批藏书数万卷的藏书名楼，其中尤以天一阁为盛。400多年历史的它，由明朝的范钦主持建造，在家族的传承和呵护之下，至今屹立不倒，是国内现存最古老的藏书楼，也是亚洲现存最古老的图书馆之一和世界最早的三大家族图书馆之一。如此大的名气掩不住那浓郁的书香，1772年的时

宁波

↑ 天一阁

候，乾隆下诏开始修撰《四库全书》，范钦的后人进献藏书638种，于是乾隆下令测绘天一阁房屋、书橱的款式，比照着兴建了著名的"南北七阁"，用来收藏七套《四库全书》中的一部，天一阁从此名扬天下。此后的文人学者便以能够登上天一阁阅览为荣，毕竟它是中国藏书楼阁之中的佼佼者。可惜树大招风，鸦片战争后战事频发，天一阁中的藏书逐渐散去。新中国成

立之后，在周总理和当地许多藏书家的努力之下，天一阁逐渐恢复元气，目前藏珍版善本达80000多卷，算是对前人心血的告慰。

　　不过，宁波的书墨之香可不只是指这些藏书而已，倘若这藏书是宁谧的潭水，那么这里的文化流派便正似那灵动的溪水奔流不息。这里主要的学派有四明学派、姚江学派和浙东学派。这三个学派可不简单，先说四明学派。还是在南宋淳熙年间，"淳熙四先生"杨简、袁燮、沈焕等人致力于"心学"研究，并兼顾朱子理学等学说，主张"心"、"理"合一，认为"心"是宇宙万物的来源。这一点到了明代的姚江学派越发明晰，明代哲学家王守仁继承了心学，并将其发扬光大，提出了"心外无物"、"知行合一"等哲学思想，王守仁是中国古代主观唯心主义集大成者，历史还给了这个学派一个称号——"王学"。如果说前两个学派是理想主义的哲学的话，浙东学派便是注重政治、经济等现实因素的社会学，其理论在当时有重大的启蒙意义。

东钱湖

　　人杰地灵、人才辈出之地，多半景致灵秀，宁波的风光也不例外。这座园林城市，背山面海，绿意浓郁得仿佛能挤出水来，而水，也正是这座城市的精魂。

　　且看郭沫若口中"西子风光，太湖气魄"的东钱湖。在宁波市东南近郊的青山环抱中，这片浙江省最大的天然淡水湖安静地做着美梦，梦境如此澄澈晶莹，令人不忍踏破，四围之中，七十二溪默默地晕染，正似南宋宰相史浩所写的"行李萧萧一担秋，浪头始得见渔舟。晓烟笼树鸦还集，碧水连天鸥自浮"。好个诗意情境！

↑ 月湖

↑ 杭州湾湿地

宁波西南的月湖也毫不逊色。这片0.2平方千米的狭长小湖开凿于贞观年间，四周花树四时不断，亭台楼阁高低有致，像是一首流畅的古筝曲。宋元以来，这里美丽的风光，吸引来了众多的文人墨客，月湖逐渐成为浙东的学术中心。除了唐代大诗人贺知章之外，北宋名臣王安石、南宋宰相史浩、宋代著名学者杨简、明末清初大史学家万斯同均涉足此地，或隐居，或讲学。这些风流人物，也成为这一古筝曲中最为清越的音符，令人神为之一振。

要说水韵，怎么少得了杭州湾湿地呢？这片43.5平方千米的湿地可是中国八大咸水湿地之一。之间广阔的滩涂、成片的芦苇荡，正如最为舒畅的抒情诗句；美妙的环境，每年都会吸引来众多的候鸟，这些小朋友多半来自遥远的西伯利亚，漂洋过海去往澳大利亚，杭州湾湿地便成为它们重要的中转站。候鸟翔集，宛如空中泼出的点点笔墨，自由穿梭，酣畅淋漓，使这里跻身于世界级观鸟胜地。"桃李不言，下自成蹊"，杭州湾湿地虽未张扬，却成为全球环境基金和世界银行合作支持下的第一个项目，自此，它成为集湿地恢复、湿地研究和环境教育于一体的湿地生态旅游区，光华越发璀璨。

海定则波宁

"宁波二字"，本身便是取"海定则波宁"之意。位于浙东长江三角洲南部的它，北面是杭州湾，西边是绍兴，南边紧靠台州，东北则与舟山隔海相望，无怪乎宁波市会被定位为长三角南翼经济中心和浙江省经济中心。而这个定位，也正在一点点成为现实。如今的宁波，已经是浙江的三大经济中心之一，扮演着浙江省对外开放的门户和窗口角色。

宁波还有一个身份，那就是国务院批准的历史文化名城。为什么会有这个称号呢？一个答案足矣：承载着7000多年历史的"河姆渡遗址"就在这里，你说历史悠久不悠久？既然说起了开头，不妨略看一下历史长河中宁波的容颜。第一站是秦朝。当时秦始皇嬴政派徐福出海，搜集传说中的长生不

↑ 河姆渡遗址

老药。据说徐福就是从这里的达蓬山北麓向日本出发，自此一去不复返，空留众人遐想。第二站是唐朝。这时候宁波港已经颇具声势，与扬州、广州并称中国三大对外贸易港口，它也因此成为"海上丝绸之路"的起点之一。下一站是宋朝，这时候的宁波港丝毫未现疲态，与广州、泉州共同组成对外贸易三大港口重镇，而且它的触角遍布世界各地，与日本、新罗、东南亚以及欧洲的一些国家都有商务往来。到了明朝，宁波这块"肥肉"被葡萄牙人垂涎，当作中转码头和集散中心，俨然入侵中国的战略支点，后来被浙江巡抚率兵捣毁。到了16世纪，世界进入了大航海时代，海洋终于扬眉吐气，而宁波也顺应潮流成为全球最大的自由贸易港之一。显赫的地位，使它在清康熙二十四年（1685），作为浙海关，成为中国四大先锋海关之一，另外三个分别是江南海关、闽海关、粤海关。鸦片战争之后，清政府软弱，宁波沦为五大通商口岸之一。朝代更更迭迭，不变的是宁波的繁荣熙攘，如今的宁波港，仍是我国货物吞吐量第一大港口。

宁波帮

宁波的"人杰"，不光包括历代的大文人，还有那些走南闯北的宁波帮。宁波的另一个名字叫做"甬"，甬商与晋商、徽商、粤商齐名，成为我国四大商帮中的一员。孙中山先生曾感慨："凡吾国各埠，莫不有甬人事业，即欧洲各国，亦多甬商足迹，其影响力之大，固可首屈一指者也。"宁波帮到底有多么壮大，让中山先生发出如此感慨？单是旅居国外的宁波籍人，便达到430多万，他们的足迹遍布50多个国家和地区，工商、科技、文化等一众领域，无不驰骋自如。改革开放以来，在邓小平同志"把全世界的'宁波帮'都动员起来，建设宁波"的呼吁之下，宁波帮开始反哺家乡。可以说，"一座宁波城，宁波帮许多汗"，诚可谓"拳拳赤子心，造福桑梓情"。

↑ 宁波港

春晓油气田

安定的大海，给予宁波的不仅是繁忙的港口和丰富的渔业资源。既然位于"东亚的波斯湾"东海，又怎么少得了丰富的天然气资源呢？就在宁波市东南350千米的东海西湖凹陷区域中，已经探明的天然气储量便达到700多亿立方米。如今，春晓油气田已经伫立其上，为人们源源不断地提供着能源。

↑ 温州

温州

　　活力充沛的温州，民营经济如火如荼，那耸翠的山峦、交融的河海，是它宏大的背景，那百花齐放、古音古韵的温州方言，则是它在历史中的回响。

民营经济，活力无限

　　温州的美誉之多，令人咋舌，世界叶蜡石之都、中国印刷城、中国电器城、中国男装名城、中国胶鞋名城、中国鞋都、中国皮都、中国眼镜之都、中国五金洁具之都、中国人参鹿茸冬虫夏草集散中心、中国印刷材料交易中心等，说的都是它。你可能要问，怎么几乎都跟小商品有关系？没错，温州的最大特色就在于它民营经济的发展模式。这里发展非农产业的方式很特别，以家庭工业和专业化市场为模式，小商品、大市场的发展格局也就随之而生了，而这种模式，也冠上了温州的名号，被称作"温州模式"。

　　温州模式并没有停滞不前；相反，随着时代的发展，它逐渐吸收了新的内涵和意义，20世纪80年代股份合作企业出现之后，个体工业已经逐步集团化、逐步规范化，为温州的工业经济发展注入了新的血液。温州就是一座永不停歇的城市，被称作"中国最具经济活力城市"。颇具开拓精神的它，做到了无数"第一"：1980年，颁发了中国第一张"个体工商户营业执照"、1984年，全国最早的股份合作制企业瓯海登山鞋厂落成……

可以说，在民营经济之中，温州无疑是弄潮儿的角色。可不是吗，当机遇到来，温州人毫不迟疑，抓住各种商机，股份合作、跨国合作，思路之开阔、头脑之灵活令人赞叹。关键是，他们不怕做第一个吃螃蟹的人，这种勇气实在难能可贵。况且单从各种章程的率先颁布就不难看出，他们不是只凭一腔热情，每一次"壮举"的背后，都是条理清晰的深入思考。激情与理性相结合，还有什么做不成呢！

如今的温州，已是浙江三大经济中心之一，浙南经济、文化、交通中心，浙东南第一大都市，繁荣熙攘，甚是热闹。不过这座城市拥有的，可不仅是出色的商业而已，它还是浙江省省级历史文化名城。你可曾想过，这般新锐的城市，居然在6000多年前的新石器晚期，就已经有人定居，而且在漫长的岁月之中，山水诗人谢灵运，南宋"永嘉学派"代表叶适，当代大家夏鼐、夏承焘、苏步青等皆至此地，如同璀璨的群星，将温州的历史天空装点得分外夺目。也难怪，温州人素来以"智行天下"、"善行天下"、"商行天下"闻名。

山峦耸翠，河海相融

温州的美，亦静默亦灵动。这里有巍峨的山脉，层峦叠嶂，沉稳沧桑；有跳跃的河流，清澈灵秀，灵动活泼；还有那浩渺的海洋，浪潮涌动，而又亘古不变。山、水、海，在这里完美地融合，正是谢灵运笔下的那些清丽图卷。

这里的山较之别处尤为奇特，本就多是流纹岩和凝灰岩的质地，遇上流水常年的侵蚀，再加上偶然光顾的地震之功，山体部分崩塌，剩下些花岗岩的部分，于是各色奇峰、异洞、怪石、峭壁、峡谷、飞瀑齐齐涌现，奇特深邃，动人心弦。群山之中，尤以雁荡山最负盛名，名列国家第一批5A级旅游风景区，2005年更是跻身世界地质公园。它总面积450平方千

⬆ 温州

⬆ 雁荡山

江心屿

米，主峰百岗尖海拔达1150米，灵峰、灵岩遍布山中，更有高达190米的大龙湫瀑布直泻龙潭，正是李白笔下"飞流直下三千尺，疑是银河落九天"的壮丽景象。

温州的河流很多，主要有瓯江、飞云江、鳌江三大水系，三者同是自西向东流入东海。它们可不仅仅是过客。就拿全长388千米的浙江第二大河瓯江来说吧，流域面积1.8万平方千米，到了入海口之后，碰上霸道的海潮，两者各不相让，于是它所裹挟的泥沙趁机沉积了下来，就这样，西洲岛（鹿城）、江心屿（鹿城）、七都岛（鹿城）和灵昆岛（龙湾）四个江中沙洲脱颖而出。因着这些明珠，温州越发光华流转，醉倒众生。且看那面积1070亩的江心屿，位列中国四大名胜孤屿之一，风景秀丽、古迹众多的它，向来有"瓯江蓬莱"之称，而它也确实担得起这个名号。为什么呢？茫茫江水之中兀自孤立的气势，它那东、西两边凌空的双塔，与千年古刹江心寺相互映衬，再加上宋文信国公祠、浩然楼、谢公亭等省市级文物保护建筑，真正是自然与人文的和谐相处，更何况这江心屿，还留存着杜甫、孟浩然、韩愈、谢灵运、陆游等人的行迹。人杰与地灵，自古便如双子，交相辉映。

茫茫东海，温柔地拥着温州，捧出了一个海岛海域生态系统自然保护区，那便是南麂列岛。这片由52个海岛、30个明礁、暗礁组成的保护区，虽然只有201.06公顷，却拥有海洋贝类427种，约占我国贝类总数的30%；大型底栖藻类178种，约占我国藻类总数的25%。贝藻是这里名副其实的主角，无怪乎被誉为"贝藻王国"。碧海蓝天之中，与贝藻同呼吸，是否感觉已经与自然融为一体了呢？

↑ 楠溪江

↓ 乌岩岭

　　这幅山海画卷之上，有一种颜色不可或缺，那便是浓浓的绿色。植被也是温州的一抹亮色。国家4A级景区楠溪江风景区，江流蜿蜒曲折，两岸树木郁郁葱葱，正似巨龙穿行于绿野之间，是典型的河谷地貌景观。不要走马观花，这些树木可是别有洞天的。看那台湾水青冈、银杏、华西枫杨，一株一株，莫不是国家重点保护的珍贵树种。倘若嫌楠溪江江滨的村寨和亭台楼阁抢了绿树的光芒，不妨让心驰骋于乌岩岭自然保护区中，18861公顷的它，堪称我国东部地区保存最好的亚热带常绿阔叶林之一，养育着2150种各色植物，直接占去全省植物种类的半壁江山，其中单是重点保护植物就有21种，"生物种源天然基因库"一称，实至名归。当然，这些树木丝毫不孤单，因为时有动物穿行其间，其中包括50多种国家重点保护动物。它们的存在，使得这绿意有了生命，开始流淌浸润开来……

十里一方言

温州不仅能让人大饱眼福，还能让人大饱耳福。可不是吗，如果不是当地人的话，来到这里，你会听到鸟儿啁啾般的语言，且高低交错各不相同。没错，温州的方言以吴语瓯江片瓯语为主，但有趣的是，温州方言并不就此"天下太平"了，因为在它内部，存在着数十种成员，除了瓯语之外，闽南话、畲客话、金乡话、蒲门话等多种方言层出不穷，令人耳不暇接。

这种十里一方言的局面，为何会出现在温州？这就要说到它得天独厚的地理位置了，它三面环山、一面靠海，向来偏安东南一隅，政治纷争、军事动乱，似乎都与之无缘。因此不断收容涌来的难民，其中比较重大的几次收容，便是安史之乱、五代十国动乱、靖康南渡、宋室南迁、戚继光抗倭、鸦片战争、太平天国运动等，不要以为难民都是胸无点墨之人，其实很多都是逃难过来的皇室贵族和文武大臣。如此，这些涌入者的语言与当地的吴语（江浙民系的方言）和闽语（福建民系的方言）相互融合，百花齐放，十里一方言，便不难理解了。如今的温州，即便是相邻的两个村子，若只用方言交流，也未必能够毫无阻碍，实在奇特。作为南部吴语代表方言的温州话，是纯正的古汉语"化石"，它蕴含的大量古语古音，非常接近华夏祖先的语言；况且因着这温州话，南戏在这里发芽生长，而南戏，恰好对元曲和元明小说有着深远的影响。一句温州话，承载着多少岁月。

↑ 温州南戏《白兔记》

↓ 温州大剧院

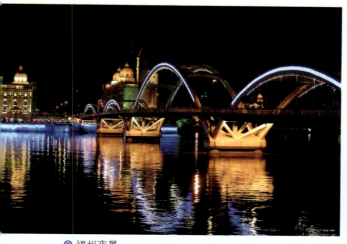

⬆ 福州夜景

⬆ 福州闽江沿岸

福州

福州这座"榕城"，既是著名侨乡，又是海西中心，诚可谓枝繁叶茂。众多旅游元素之中，四大地区文化异军突起，光焰慑人；漆器、木画、角梳、纸伞仿佛枝丫开出的梦想，精致巧妙。

枝繁叶茂

既是福建省的省会，福州的能力自是不俗，它是首批14个对外开放的沿海港口城市之一，是全国综合实力五十强城市，也是福布斯中国大陆最佳商业城市百强城市。这座福建省最大的城市，养育着70多万的人口。正是人多力量大，福州当之无愧成为福建省的文化、政治、科研中心，而且市场化程度和对外开放程度都比较高，这都要依靠福州人灵活的头脑。

当然，心思开放的福州人并不会被地域束缚，300多万名祖籍福州的华侨、华人，散布在五大洲的102个国家和地区。毫不夸张地说，有海水的地方就有福州人的足迹，无论是美国、西欧、日本等发达地区，印度尼西亚、马来西亚等发展中国家，还是巴巴多斯、马绍尔等落后国家。福州人这种以天下为家的心态，实在令人赞叹。

除此之外，福州还有非常特别的一点，那就是它与台湾的关系。作为距离台湾最近的省会中心城市，两者语言相通、习俗相近，亲近自是不比旁人。现在在福州居住的台湾省籍的同胞有1300多人，而在台湾，60多万福州人、27个福州同乡会遍地开花。如今，以福建为主体，海峡西岸经济区逐步成形，浙江南部、广东北部和江西的部分地区都囊括其中，而福州，当仁不让成为海西的现代金融服务业中心。正如它的别称"榕城"一般，福州正是枝繁叶茂、欣欣向荣。

身为"中国优秀旅游城市"，福州的"无微不至"可谓令人咋舌。浏览之前，先让我们看一下它的十大名片吧：三坊七巷、马尾船政、林则徐、三山两塔一条江、鼓山、闽剧、温泉、寿山石、昙石山文化遗址、青云山。自然、古迹、文化、艺术无一不涉猎，堪称全才。

既有江水穿流，又有海水澎湃，福州向来山明水秀、绮丽舒畅，名山、名寺、名园、名居不一而足，平潭海坛、鼓山、青云山、十八重溪等国家重点风景名胜区，个个青山绿水，碧意袭人，而那林则徐墓、福州华林寺、乌塔、马尾船政遗址、福清弥勒岩、昙石山文化遗址等国家重点文物保护单位，则共同记录着福州的年年岁岁。虽然多姿多彩，福州并非是一盘散沙；相反，四大地方文化撑起了这片天空。

昙石山文化

它的精髓，就在昙石山古人类遗址。这片遗址来头可大，身为全国重点文物保护单位的它，可是我国目前最完整、实物最多的史前古人类文化遗址。距今5000多年的昙石山文化，堪与仰韶文化、河姆渡文化相媲美，1954年重见天日以来，已经经历了8次考古挖掘，"中华第一灯"——陶灯等一批重要文物相继出土，鲜明的海洋文化热色，就此穿越时空。

船政文化

福州马尾的福建船政创办于1866年，是公认的"中国近代海军的摇篮"和中国近代工业、科技、高等教育的发源地。40多年间，

◄ 中华第一灯——陶灯

昙石山遗址

⬆ 中国船政文化博物馆.

⬇ 三坊七巷

⬆ 寿山石

船厂、兵舰、飞机相继出炉，兴办了学堂，引入了人才，又派出了学童出国留学，一系列的"富国强兵"运动，为近代中国造船、冶金、电信、铁路、飞机制造等新式工业的萌芽抽枝铺好了沃土。中西文化的碰撞，留下的思想文化成果堪称丰硕。

"三坊七巷"文化

位于福州市中心的"三坊七巷"，是著名的历史文化街区，由衣锦坊、文儒坊、光禄坊、杨桥巷、郎官巷、塔巷、黄巷、安民巷、宫巷、吉庇巷组成。唐代后期，它初具雏形，含苞待放；到了明清，尤其是清代中叶的时候，烈烈怒放，十分鼎盛。45公顷之内，仍然存留着200多座古建筑；严整相通的坊巷之中，粉墙黛瓦的房屋怡然耸立，巧妙精致，孕育出了许多历史名人，博雅沉静的"三坊七巷"也由此被誉为"明清古建筑博物馆"和"中国城市里坊制度的活化石"。

寿山石文化

福州寿山乡的寿山石黑白红黄、色彩斑斓、晶莹剔透，是上等的雕刻彩石，素有"石之君子"、"国之瑰宝"的美誉，更有深藏田底的"石中之王"寿田石。如此好的素材，岂可辜负？于是寿山石雕、印章如火如荼地发展起来，而人物动物、山水花鸟、造型各异的石雕，中国传统"四大印章"之一的寿山印章，也成为寿山石文化名副其实的两大代言人。

泉州

曾经的辉煌，一度的毁灭，泉州正似浴火的凤凰，光芒不减：它汇聚着百花齐放的宗教，滋养着碧山、灵水、海湾，泉州，亦坚定亦包容亦灵动。

涅槃之路

泉州，作为国务院第一批公布的24个历史文化名城之一，曾经拥有辉煌的岁月。地处东南沿海的它，与台湾隔海相望，是著名的侨乡和台胞祖籍地，也是古代"海上丝绸之路"的起点。不难想象，它的港口也曾名噪一时。宋、元时期，泉州港被称为"东方第一大港"，与埃及的亚历山大港齐名，而泉州也与广州、宁波并称对外贸易三大港口重镇。原本照这个路线发展，泉州应与今日的广州般繁华才是，可惜曾经的辉煌，在1604年遭到了毁灭性的破坏。据记载，"万历三十二年秋，地大震，暴风淫雨，楼栋飘摇，倾圮日甚"，即严重地震，狂风暴雨，房屋、树木全部倾颓。可以说，这次地震，某种程度上埋葬了泉州昔日的无限风光。这也就是为什么17世纪之后，泉州开始衰落，而且在之后的岁月之中，它一直没有出现在英法联军和日本侵略者争夺名单之中的缘故。泉州倒也因祸得福，躲过了许多战争。

但是，正如凤凰不会被烈焰焚尽一般，泉州并未就此消沉。如今的泉州，已是福建省三大中心城市之一，连续13年保持着经济总量第一。不只是经济，如今的它，还名列国际花园城市。只要有信念，所谓的毁灭性破坏，不过是记忆中的一抹灰色而已，而这灰色也必将被鲜亮的生命色彩所掩盖。

↑ 泉州

海滨邹鲁

文化积淀深厚的泉州，坐拥20处国家级、40处省级、600多处县（市）级重点文物保护单位，素有"海滨邹鲁"之称。这里既有民族英雄郑成功的史迹与陵墓，又有"天下无桥长此桥"的安平桥，还有古泉州八大胜景"东湖荷香"遗址东湖公园，更有融惠东民俗、海滨风光、石雕艺术为一体的崇武古城等，无不讲述着泉州往昔的峥嵘岁月。

不过，泉州最具特色的还要数它对各种宗教的海涵。泉州素有"世界宗教博物馆"之称，除了本土的妈祖和道教之外，佛教、伊斯兰教、景教（古天主教的一个支派）、天主教、印度教（婆罗门教）、基督教、摩尼教（明教）、日本教和拜物教、犹太教等诸多宗教都在此生根发芽，可不正是那宗教百花园？

↑ 灵山圣墓

↑ 泉州清净寺

岱仙瀑布

百花齐放，非一日之功。这得先从海上丝绸之路说起。唐朝初期，伊斯兰教循着那海上丝绸之路，来到了泉州，泉州也因此成了中国第一批接受伊斯兰教熏陶的城市之一。直到如今，中国现存最古老的、具有阿拉伯风格的泉州清净寺还在这里安然伫立，另有著名的伊斯兰教圣地灵山圣墓，据说唐代到泉州传教的穆罕默德门徒三贤四贤就葬在这里。

有了伊斯兰教做先锋之后，景教、摩尼教和印度教相继涌入这海上丝绸之路的东端。19世纪末，基督教和天主教也漂洋过海，来到泉州。除此之外，日本教和犹太教也曾在此昙花一现。这些宗教在泉州也都留下了自己的印迹，比如世界唯一的摩尼光佛像石刻、千年古

↑ 清源山老君像

↑ 清源山天湖

⬆ 泉州港

刹开元寺和东西双塔等。一众宗教，在泉州和谐共聚、融洽相处，泉州胸怀之广博，令人赞叹，联合国教科文组织给予的称号——"世界多元文化展示中心"可谓实至名归。

山水光华

泉州拥有的不仅是涅槃的勇气、多元的文化，这里的自然风光也是极美。先说这里的山吧，个个含烟凝翠，又个个不同。蓬莱山上，因为一座清水岩寺而闻名遐迩，950多年历史的清水岩，供奉着中国百仙之一清水祖师，而且它的主殿结构呈"帝"字形，这在全国可是绝无仅有；泉州城北的屏障清源山，以奇石灵泉著称于世，海拔498米的它，被元人誉为"闽海蓬莱第一山"，足见其缥缈灵秀；而那758.5米高的仙公山，气势更盛，峭壁陡崖，雄壮伟岸，林木幽静的它，时常为氤氲的云雾笼罩，宛若绰约的翠衣仙子一般，风姿动人。

水呢，先看看那号称"华东第一瀑"的岱仙瀑布吧。它紧邻温文尔雅的油漏祭瀑布，相互映衬，双双而下。登上瀑布上方的飞仙亭，向下俯瞰，但见碧山之中，两条银带飘然而下，宏伟曼妙。不过泉州之水中最具声势的，还是那茫茫海水。不是吗，晋江东南海滨上，深沪湾舒展其间，仿佛海水的拥抱之中；明媚的阳光之下，沙滩伸一个懒腰，酣畅自如；而那石狮永宁镇的黄金海岸上，更是拥着度假村、城隍庙、镇海石和古卫城遗址等一众人文足迹，为这纯美自然更添几分底蕴。

厦门

碧蓝的海水，温暖的城市，在此相拥相偎；人文与自然，传统与现代，交相辉映，温润怡人；如三角梅般蓬勃，如凤凰木般浓烈，如白鹭一般清灵。厦门，集美之大成者也。

城在海上，海在城中

身为我国最早实行对外开放政策的四个经济特区之一，厦门是东南沿海重要的中心城市。它最有特色的一点，便是"城在海上，海在城中"。想一想，厦门1699.39平方千米的陆地、300多平方千米的海域之中，湛蓝的海洋与温暖的城市融为一体，该是何等美妙！厦门这座现代化国际性港口风景旅游城市，就如同海洋与陆地的交响曲，动人心弦。

九龙江入海处的它，背靠漳州、泉州平原，依偎着台湾海峡，面对着金门诸岛，隔着一水烟波，与台湾岛和澎湖列岛相望。地处亚热带的厦门，温和宜人，整洁秀丽，一年四季繁花似锦、草木繁盛，因而坐拥联合国人居奖、

↑ 厦门夜景

↓ 厦门白鹭洲

国际花园城市、全国文明城市、国家卫生城市、国家园林城市、国家环保模范城市、中国优秀旅游城市、全国最宜居城市、中国最浪漫休闲城市等众多奖项。归根结底，这是个十分浪漫，十分清秀，十分怡人的城市，热情好客的市民们，为这城市更添一缕阳光，明媚温馨。难怪美国前总统尼克松曾经发出感慨，称赞厦门为"东方夏威夷"。如此赞誉贴不贴切暂且不论，厦门的诗意却是展露得淋漓尽致。

清灵鹭岛

远古之时，厦门这座"海上花园"白鹭翔集，加上厦门自身的地形就如同一只白鹭，所以又有"鹭岛"之称。雪一般的白鹭，轻捷地飞翔在碧海绿树之间，这真是美丽的图画。直到现在，人类的涌入似乎并没有吓到这些洁白的精灵，它们依旧怡然自得地栖息展翅，反倒为厦门在岛礁、花木之余增添了侨乡风貌、闽台风俗、异国情调，正似那点睛之笔，将厦门这座城市都唤醒了一般，其灵动璀璨，令人心为之倾。

鹭岛清灵，蕴含着无数风光，既有文艺清新的鼓浪屿风景名胜区，又有层峦叠翠的万石山风景名胜区；既有陈嘉庚墓（鳌园）等重点文物保护单位，又有交相辉映的四大地方特色建筑。"厦门二十景"（鼓浪洞天、皓月雄风、菽庄藏海、胡里炮王、大轮梵天、五老凌霄、万石涵翠、太平石笑、云顶观日、金山松石、虎溪夜月、金榜钓矶、鸿山织雨、筼筜月色、天界晓钟、东渡飞虹、东环望海、青礁慈济、鳌园春晖、北山龙潭）更是如同20颗璀璨的宝石，将厦门装点得熠熠生辉。尊重历史，方能不浮不躁，沉静自知。2006年以来，厦门历史风貌街区的划定，勾勒出了厦门虚怀若谷的心怀，谦逊博雅。

厦门象征

倘若要问厦门："你是怎样一座城？"性情温和的厦门，定会给出三个事物作为象征：一是三角梅，一是凤凰木，一是白鹭。就在1986年10月23日厦门市第八届人民代表大会常务委员会第二十次会议中，三者被定为厦门的市花、市树、市鸟。

白鹭不难理解，厦门本来就是"鹭岛"嘛，世界珍稀鸟类白鹭，正如厦门的使者，来往于蓝天碧海之间，实在是一道美丽的风景线。三角梅可能不太熟悉，它是一种常绿攀援或披散灌木，小小的花朵，常常簇成三朵，藏于苞片之内。原产于巴西的它，红、橙、黄、白、紫等颜色不一而足。带着些低调的华丽之感，以这种极易栽植的植物作为市花，既反映出厦门及其人民的盎然生机，又彰显出厦门经济特区的欣欣向荣。至于那凤凰木，倒真是厦门一大景致了。树冠宽广的它，收纳着众多羽毛一般的叶子，每到夏天，大红色的花朵便烈烈开放了，枝秀叶美，红花簇簇，正如韶光流年，浓烈而又淡然。

厦门的建筑风格

厦门的建筑，非常有特色，其中尤以四种为甚：以厦门大学为代表的中西合璧的嘉庚建筑风格，以鼓浪屿万国风情建筑及近代华侨中西特色别墅为代表的欧陆建筑，以中山路为代表的闽派骑楼的近代商业建筑，以及最为原生态的闽南红砖古民居，或精致，或古朴，洋溢着浓郁的艺术气息。

⬆ 白鹭

⬆ 凤凰木

⬆ 高雄爱河

高雄

高雄是工业城，也是台湾重镇。位于台湾南部偏西的它，既拥有台湾最大的国际港高雄港，又拥有台湾第二大机场高雄国际机场，是台湾南部的政治、经济和交通中心。2846平方千米的高雄，养育着277万人，可谓是台湾人口密度最高的都市，也因此跻身台湾第二大城市。20世纪初方才建立的高雄，在整个台湾省，重工业都是最为发达的，成长速度令人咋舌。不妨看一下高雄产业的三大成员。

高雄的一级产业，主要由渔业与农业担当。也难怪，高雄的渔港和水产养殖十分发达，堪称台湾岛上最大的渔业区。海港内的前镇渔港、鼓山渔港，都是台湾岛的远洋渔业基地，远远近近的渔业资源，全部纳入囊中，其中还包括珊瑚渔场每年产出的大量珊瑚、玳瑁和珍珠。这里的渔业，当真是亦大众，亦华贵，如火如荼。高雄的农业地带，主要分布在市区的边缘。扎堆的倒还好说，一些零散的农地，如今已经随着都市的发展，逐渐退到历史舞台的幕后去了。

↑ 高雄港

　　重工业和制造业则同为高雄二级产业的主力。它们的力量不可小觑，正像我们之前所说的，作为台湾工业建设近30年来的重点，高雄的炼油、钢铁、造船企业的规模，在整个台湾都堪称翘首。请看吧，楠梓加工出口区、高雄炼油厂、中岛加工出口区、临海工业区与高雄软件科技园区一应俱全。这其中呢，临海工业区担当着台湾中钢与台湾国际造船的核心事业据点，高雄炼油厂则充当台湾中油最大的生产基地。如今，高雄的发展脉络越发清晰，临海工业区、石油化学工业区和加工出口工业区已经初步形成，高雄的工业发展，越发势不可当。

寿山远眺西子湾

相比前两者，服务业为主体的三级产业似乎相对低调，但却渗透在高雄的每个角落。不是吗？盐埕区、前金区、新兴区、苓雅区与三民区，无不活跃着它们的身影。如今，按照规划，高雄港第一港口东侧的廊带还将建设"高雄多功能经贸园区"，与优良的港口、发达的海运比邻而居，可谓前景无限。

山水悠悠

面对着台湾海峡的南口，置身于嘉南平原与屏东平原之间，高雄市恰似君子一般，温文尔雅。在这里，没有冬日的凛冽，只有夏日的芬芳，实在是一座迷人的海港城市。正如高雄市歌中所唱道的："寿山秀，爱河清，平畴千里，繁华似锦。"在这千里平畴之上，清冽的爱河、秀丽的寿山，兀自将这位君子装点得愈发风度翩翩。何止是这爱河与寿山呢，且看那千帆林立的海港、琳琅满目的古迹、生机蓬勃的国家公园，哪个不散发着浓郁的魅力？众景之中，旗山夕照、埕埔晓鹭、猿峰夜雨、戍楼秋月、江港归帆、鼓湾涛声、苓湖晴风和江村渔歌这八景尤为光华璀璨，而声势最为浩大的则数寿山、西子湾和莲池潭三大风景区。

寿山风景区

占地1200公顷的寿山，安然坐落在高雄港口。珊瑚成就的寿山，形态非常奇特，三面皆是悬崖峭壁，倔强动人。寿山公园之内，景致秀美，绿树蓊郁，只见相思树、凤凰树丛之中，法兴寺、早觉园、忠烈祠、千光寺等建筑淡然其间。它们都是山中的老翁了，或是庭院幽深，或是巍峨壮观，有的建于200多年前，有的兴于清朝乾隆年间，有的彰显着我国古代建筑的传统风格，有的则吸引着广大佛教信众前来朝拜。登上慈寿塔远望，西可见台湾海峡水光接天，前可见高雄市区高楼鳞次栉比，北可见莲池潭映着半屏山，令人心旷神怡。寿山山麓，平阔细软的西子湾海滩，偎着那挺拔俊逸的椰林，洋溢着浓浓的热带风情，与徐徐的海风一道，涤荡着人们心头的尘埃。

西子湾风景区

它向来就有"台湾西湖"的美誉，可见其诗意悠然。这片南台湾最负盛名的观光区，拥有着许多明珠一般的景点，而那环湖公路，恰似柔软的丝线，将这些散布的珠玉串联了起来，自此，西子湾越发风华绝代。在这里，若要冥思，西子湾捧出青山绿水。若想垂钓，西子湾托起烟波小舟，亦静亦动，煞是迷人。

莲池潭风景区

半屏山与莲池潭，仿佛千年的恋人相依相偎，令人神往。莲花田田的莲池潭中，倒映出半屏山的秀丽身姿，岸边的杨柳袅袅婷婷，含烟凝翠。旁边的春秋阁呢，亭亭玉立，在潭中照着影儿。正是波光塔影、湖光山色，好个如画风光。如今，春秋阁不再孤寂，因为莲池潭的周围添了新成员，既有仿宋代孔庙和曲阜孔庙的溪涧孔庙，又有雕梁画栋、宫殿一般的启明堂，与春秋阁相比，虽然少了些岁月之美，却也富丽堂皇、鲜亮动人。

↑ 西子湾海滨

↑ 莲池潭龙虎塔

⬇ 莲池潭

基隆

台湾头

  台湾岛最北端的基隆市，素来就有"台湾头"之称。三面环山、一面临海的它，曾经是台湾万商云集的重要港口。如今的它，虽然仍是台湾北部重要的国际商港，却始终未成大的气候。究其原因，便是因为那三面的山了。虽然层峦叠嶂，映着浩渺波光，引人入胜，却无异于画地为牢，将这座繁华的港都局限在了山海之间，没有广阔的腹地；虽然港湾、岛屿兼备，是深水谷湾之天然良港，也只能望洋兴叹。好在它有个好邻居，那就是台北，倒也不至于怀才不遇，而是以台北都会区重要卫星都市的身份，继续担当重任，安享静好时光。

基隆港

 基隆夜市

岁月更迭，风光流转

想要感受海港气息的话，不妨搭游艇出外海到基隆屿游览一番，整个台湾北海岸可以尽收眼底。外木山等渔港之中，提供海钓船服务，乘上一艘，在海上垂钓一晚，同时欣赏一下海滨的夜景，但见璀璨的灯火，在墨色的海水之上浮光耀金，流光溢彩，很是梦幻迷离。与此同时，基隆港周边的炮台群，也是一大景观。这里的炮台，有的修建于清朝，有的筑于日占时期，按照不同的布局环绕在港区周边的丘陵之上，蔚为壮观。

若想感受热闹熙攘，或者追寻小吃的话，不妨到庙口夜市去摩肩接踵一番，这片基隆市区最著名的景点，堪称别具特色的小吃市集。什么特色呢？首当其冲的便是海鲜，基隆本来就海产丰富，可以理解。其次呢，就是它的兼容并蓄了，身为国际商埠的基隆港，迎来送往世界各地的人资流，许多物产就此涌入，这里的小吃也就充满着多元特色了。

其实，背山面海的基隆，从来不缺乏美景。山明水秀，海水依依，本就已经是雅致与浩瀚的结晶，如何不打动人心？何况它还精心捧出了"基隆八景"呢。可惜的是，"鲨鱼凝烟"这一景致，如今已经荡然无存。为何？这得先从基隆最为原始的样貌说起。基隆并非天生如此，曾几何时，如今的基隆文化中心还是小山丘，直到20世纪80年代，市政府为了建造现在的文化中心建筑，才把小山丘夷为平地。当日本侵占台湾的时候，身为重要港口的基隆，自然不能幸免。其实在此之前，这一带有个专属的名字——"鲨穴仔埔"，顾名思义，这里有很多"鲨"活动其间。如今的基隆内港，东岸、西岸一水相隔，原来两者之间密布着礁岩，其中最大的两座，便是"鲨公"和"鲨母"。两个礁岩如同夫妻一般，伫立在港湾之中，日本人侵占之后，将这些礁岩全部炸除，"鲨鱼凝烟"这一美景，却是再也无从得见，令人叹惋。

↑ 老鹰

基隆象征

基隆就像一个爱美的女子，设立了一众象征来代言自己的独特。除了开头的市歌之外，市徽、市树、市花、市鸟不一而足，甚至连市鱼都没有错过，直率得很是可爱。

市徽、市树、市花、市鸟、市鱼

市徽上的蓝色缺口圆环，代表着基隆的自然港埠；黄绿色的山形，代表基隆绵延的丘陵；货柜船一般的基隆二字，彰显着基隆主要港市人文环境，又预示着随着航运的发展，基隆必将发展成为台湾最大的货柜吞吐港。

落叶乔木紫薇，俗名百日红，得名于其花期甚长。夏季绽放的时候，红色、紫色、白色一应俱全，而且枝干旁逸斜出，姿容曼妙，妖娆美丽。

因着老鹰这市鸟，基隆温婉的气质骤增几分犀利英气。不过基隆可不只是因为它的英勇而将它定为市鸟，实则是因为基隆港是最容易观察、亲近和欣赏老鹰的地点。曾几何时，自台湾头至台湾尾，老鹰横掠而过，人们只消抬头仰望天空，必能看到它盘旋的身影，可惜岁月无情，

↑ 紫薇

如今它已是保护动物，总共不到100只，令人慨叹。

市树枫香，是金缕梅科枫树属之落叶大乔木，非常高大，生长速度也快，而且树形自然地呈现圆锥三角形，既美丽又富于生命力。

难得一见的市鱼华丽地登场了，其真实面目，便是那黑鲷。身为温、热带沿岸杂食性底栖鱼类的它，全年都有产出，是常见的高级食用鱼，身影时常出现在各地的鱼市之上，主要分布在西太平洋区，包括日本、韩国、中国台湾及大陆沿海等地，台湾地区则主要在东部、北部、西部及离岛之澎湖海域。所以说，基隆盛产黑鲷，这已是它当选市鱼的一大筹码，另一方面，它对盐分和水温的适应能力非常强，可以在任何盐度的水中饲养，水温10℃~32℃时，仍然能够存活，生命力十分顽强。对于基隆人民来说，这也是很好的寓意：顽强地坚持，生命才能精彩无限，不是吗？

◀ 枫香

港口与航运

东海这片蔚蓝的纸张之上，一众航线如同纷飞的五线谱，与长江黄金水道相互交织融汇，谱出一曲灵动的航运乐章。这里既有跃动的宁波港、跌宕的泉州港、明朗的厦门港、磅礴的台湾五大国际港口，又有上海国际航运中心和杭州湾大桥，货物、游人在此往来如织，绘出一番繁花似锦。

吞吐自如

作为我国东南沿海和长江流域沟通世界的主要窗口，东海的位置可谓恰到好处。因而在承托远洋航运的同时，也成为我国沿海航运重要的中转站，虽然不是最广袤，也不是最雄壮的海域，东海却担当起了中国四大海的"中心人物"，实在不容小觑。在东海这张五线谱上，跳跃着许多美丽的音符，便是那纷繁的港口了，这些港口与航线一道，谱就了交通往来的变奏曲，流畅清朗，动人心弦。现在就让我们欣赏一下其中的精彩片段吧！

宁波港

第一段乐章清越高亢，是宁波港跃动的轨迹。这位上天的宠儿，既是内河港、又是河口港，还是海港，身兼数职，可谓多才多艺。既然是宠儿，身家自是不凡，南北望去，便是我国沿海航线，向西望去，则是滚滚长江东逝水，"T"字形交会点上的它，既连通着广阔的长江流域，又通过京杭大运河将整个华东地区都纳入囊中，更何况它只要把目光投向东边，面前便是宽广的东亚和整个环太平洋地区，正是进退有度，雍容自若。

伴随着跌宕而来的一串音符，泉州港闪亮登场了。它曾经一度以三湾十二港闻名于世，宋元时期更是成为世界最大的贸易港之一，在历史长河之中金光闪闪。可惜17世纪的一次地震使泉州港面目全非，加上明朝朝廷实行严厉的"海禁"，泉州港遭受层层束缚，迅速萎缩。好在如今的泉州港，已经从灰烬中升腾，渐渐恢复对外交通贸易港口的地位，命途多舛的泉州港，前景一片绚烂。

宁静沉稳的音乐传来，这位便是厦门港了。邻着台湾海峡，面朝东海的它，与台湾隔水相望，而港外的金门岛屿，以及周围层出不穷的山丘，都成了厦门港的天然卫士，任凭狂风呼啸，它自巍然不动。而且它港阔水深、不冻少雾又少

↑ 上海国际客运中心

↑ 宁波港集装箱码头

宁波港铁矿运输

↑ 高雄港

淤，性情可谓清净明朗。作为厦门经济特区一分子的厦门港，是我国东南沿海重要的对外贸易港口，华侨进出内陆，多半也得通过它，可谓是我国东南海疆之要津、入闽之门户。

乐曲突然变得磅礴雄浑，台湾的高雄港、基隆港、台中港、花莲港、苏澳港这五个国际港口组团驾临了。老大是高雄港，作为台湾第一大港的它，既是台湾最大的商港，同时也做军港和渔港，美洲、欧洲、亚洲三者若想往来，必然经过此处，堪称重量级人物。老二是基隆港，位于台湾北部的它，主要负责化学材料、非金属矿产品、纺织品等大宗货物的进出口，也都是大手笔。比起这两位前辈，台中港的资历似乎尚浅，作为新兴重要港口的它，本就是为了减轻基隆、高雄两座港口的营运压力而修建的，虽然如今不似两者繁忙，但大片的面积给予了它很大的发展空间，大宗谷类、肥料等散货多有现身，他日势必将青出于蓝而胜于蓝。老四花莲港在台湾东部可谓大哥，作为那里最大的港口，散杂货运输几乎全部经由其手。台湾北部的苏澳港，与基隆港最为亲近，是紧随其后的台湾北部第二大港口。这几大港口井井有条，交相奏鸣，台湾的熙攘荣耀就此流淌回旋。

迎来送往

　　上海与江浙，向来是富庶之地。经济优渥的地方，人流自然涌动。曾几何时，上海可谓是中国风光无限的客运码头，它那悠扬而沉郁的汽笛声，唤起一代人的憧憬与情思，融入彼时的"十里洋场"之中；而舟山港则坐拥江浙沿海和整个长江中下游地区，把游客送至普陀以观瞻海天佛国的荣光……不过，纵使曾风光无限，也无法脱离命运的漩涡，随着公路、铁路和飞机等更快捷的客运方式兴起，人们选择客运航线更多的是追求那海天之间的风情，感

歌诗达邮轮

受超级邮轮的舒适与奢华。于是，上海不失时机地建造了上海港国际客运中心码头，向着内地最为成熟完备的国际邮轮母港迈进。随着歌诗达"浪漫"号、皇家加勒比"海洋航行者"号等邮轮进出的靓丽身影，上海的江上、海面上，越发流光溢彩，迷离醉人。

　　说起东海的客运航线来，有一艘小船不得不提，那就是曾经风光无限、横渡于杭州湾的"慈平"号。这艘小小的气垫船身上，镌刻着客运航线几十年来的兴衰痕迹……

潮起潮落、满布滩涂的杭州湾，将本应是近邻的宁波慈溪、嘉兴、上海等地阻隔得天各一方，从慈溪去上海或江苏必须走"V"字形路线绕道杭州，足足要耗费八九个小时。随着江浙沪经济的腾飞，这八九个小时便成了"长三角"人们的"心结"。

1992年6月16日，"慈平"号全垫升气垫船在人们满怀希冀的目光之中起航了，仅仅用了45分钟就横渡了杭州湾，人们的"心结"终于解开。从此，慈溪、宁波等城市到上海只需要四个半小时，简直是前所未有的亲近。由于它又快又舒服，旅客纷纷"弃陆走水"，出现了天天如春运的盛景。不过随着沪杭甬高速的建成，气垫船的优势不再，"慈平"号开始逐渐没落，直到横跨天堑的杭州湾大桥出现，整个长江三角洲的交通格局因为它发生了翻天覆地的变化，陆运摆脱了"V"字死角，"慈平"号也随之光荣地退出了客运舞台。

退休的"慈平"号

退出客运舞台后的"慈平"号老而弥坚，并未就此消沉。从杭州湾大桥修建时就承担了工程指挥、物资运输等重任，大桥建成后又担负着巡查和维护的职责，闲暇时，更是满载着游客，成为带领他们一览杭州湾大桥长虹卧波风范的观光船。

杭州湾大桥

↑ "慈平2"号

不知不觉间，此次东海之旅的终点，已近在眼前。

　　东海这片迷人的海域，既闪耀着海岛、海峡的璀璨光芒，又弥漫着城市、港口的七彩霓虹；她灿烂的光华之中，既雕琢着自然的鬼斧神工，又涌动着人类的无限能量。既有磅礴澎湃，又有悠扬舒畅；还不乏瞬息万千，和那千古如一。

　　东海恰如母亲，将毕生所藏倾囊相授，绽放了笑颜，又捧出了瑰宝。

　　她的风采，非一本小书可以述尽；海洋的神韵，更值得我们终生去领悟。

图书在版编目（CIP）数据

东海印象/苗振清主编. —青岛：中国海洋大学出版社，2013.6
（魅力中国海系列丛书/盖广生总主编）
ISBN 978-7-5670-0330-9

Ⅰ.①东… Ⅱ.①苗… Ⅲ.①东海-概况 Ⅳ.①P722.6

中国版本图书馆CIP数据核字（2013）第127065号

东海印象

出 版 人	杨立敏
出版发行	中国海洋大学出版社有限公司
社　　址	青岛市香港东路23号
网　　址	http://www.ouc-press.com

策划编辑	王积庆 电话 0532-85902349	邮政编码	266071
责任编辑	王积庆 电话 0532-85902349	电子信箱	wangjiqing@ouc-press.com
印　　制	青岛海蓝印刷有限责任公司	订购电话	0532-82032573（传真）
版　　次	2014年1月第1版	印　　次	2014年1月第1次印刷
成品尺寸	185mm×225mm	印　　张	10
字　　数	80千	定　　价	24.90元

发现印装质量问题，请致电 0532-88785354，由印刷厂负责调换。